普通高等教育"十二五"规划教材

电路原理实验教程

主　编　查根龙　陆　超
副主编　袁　静　沈微微

东南大学出版社
·南京·

图书在版编目(CIP)数据

电路原理实验教程 / 查根龙,陆超主编. —南京：
东南大学出版社,2015.12
　ISBN 978-7-5641-5901-6

　Ⅰ. ①电… Ⅱ. ①查… ②陆… Ⅲ. ①电路理论—实验
—高等学校—教材 Ⅳ. ①TM13—33

　中国版本图书馆 CIP 数据核字(2015)第 283958 号

电路原理实验教程

出版发行：	东南大学出版社	
社　　址：	南京市四牌楼 2 号　邮编：210096	
出 版 人：	江建中	
网　　址：	http://www.seupress.com	
经　　销：	全国各地新华书店	
印　　刷：	南京玉河印刷厂	
开　　本：	787mm×1092mm　1/16	
印　　张：	15	
字　　数：	365 千字	
版　　次：	2015 年 12 月第 1 版	
印　　次：	2015 年 12 月第 1 次印刷	
印　　数：	1—3000 册	
书　　号：	ISBN 978-7-5641-5901-6	
定　　价：	30.00 元	

本社图书若有印装质量问题,请直接与营销中心联系。电话：025—83791830

前　言

电工实验实训是电气信息类各专业本专科生一个重要的实践环节。要想很好地掌握电工知识，除了要掌握基本器件的原理、电路的基本分析方法外，还要掌握电路元件及基本电路的应用技术，因而实践教学成为电路教学中的重要环节，它是将理论知识付诸实践的重要手段。

电工实验实训教学是高等院校电气类课程重要组成部分，是培养学生科学精神、独立分析问题和解决问题能力的重要环节。通过必要的实验技能训练和实践操作，使学生将理论与实践相结合，巩固所学知识。通过实验培训有关电路连接、电工测量及故障排除等实验技巧，学会掌握常用仪器仪表的基本原理、使用与选择方法。在实验测量中学习实验数据的采集与处理、各种现象的观察与分析。随着计算机应用的广泛普及，电路的计算机辅助分析成为培养电气工程技术人员必需的基本训练。总之，电工实验课及电路仿真设计训练可为今后从事工程技术工作、科学研究以及开拓技术领域工作打下坚实的基础。

本书内容分为五个部分：

第 1 部分为电工实验概述，主要介绍实验教学的目的、教学要求以及基本的操作要求。

第 2 部分为验证性实验，共包含 32 个电工基础实验，内容几乎涵盖了电工课程所有重要的知识点。

第 3 部分为仿真性实验，主要介绍 Multsim 10.0 软件的操作使用，并应用软件进行实验设计与仿真。电路仿真软件是电路教学不可缺少的环节，可以通过电路仿真，将理论联系实践，加深学生对理论知识的理解，巩固理论知识的学习。

第 4 部分为综合性设计，结合课程教学内容，设置了 5 个综合性实验，学生综合应用所学知识，根据实验要求来进行实验电路设计、理论计算、仿真、连接、数据测量、结果分析等，以培养学生的创新意识和创新能力。

第 5 部分为综合性实践操作，从安全用电、电工基本工艺和工具使用、PCB 板的焊接工艺到指针式万用表的组装、调试与维修。这部分内容系统介绍了电子产品的制作过程，有效地加深学生对学科体系的认识,有利于培养学生的实际工作能力和独立思考能力。

本书实验内容的设置,紧密围绕电工课程教学内容,主要考虑到理论密切联系实际,培养学生从实验数据中总结规律、发现问题和解决问题的能力,并配备了一定数量的思考题,使学习优秀的学生有发挥的余地。

本书可作为大学本科、专科电子、信息类专业模拟电子技术和数字电子技术课程的实验指导书。

本书在编写过程中得到了宿迁学院三系领导的大力支持和帮助,郭永贞教授、唐友亮副教授、汪勇老师、刘海洋老师也对本书提出了宝贵的意见,陈林副教授也为本书的编写做了大量的工作,在此一并向他们致以最诚挚的谢意。

由于编者水平有限,书中难免有很多疏漏和不足之处,敬请各位读者朋友批评指正。

编 者

2015 年 5 月

目　录

第一章 电工实验概述

1.1 实验目的和实验要求

1.1.1 实验目的

1. 进行实验基本技能的训练,可在下列几个方面培养学生的能力:

(1) 电路接线能力,学会按电路图连接线路。

(2) 阅读说明书使用仪器的能力,为今后使用新仪器打下基础。

(3) 分析处理实验数据的能力,找出不合理数据,培养独立完成高质量实验的能力。

(4) 分析处理电路故障的能力(故障包括开路、短路、连线错误等)。

(5) 撰写工程报告的能力。

2. 巩固加深并扩大所学到的理论知识,培养运用基本理论分析来处理实际问题的能力。

3. 培养实事求是、严肃认真、细致踏实的科学作风和良好的实验习惯,为今后的专业实践与科学研究打下坚实的基础。

1.1.2 实验课程的要求

经过做几个简单电路实验之后,要求学生在实验技能方面达到下列要求:

1. 正确使用电流表、电压表、台式数字万用表、数显相位表、功率表以及一些常用的电工电子实验设备。初步掌握模拟双踪示波器、函数信号发生器、稳压电源和数字交流毫伏表等电子仪器和 SBL 电路实验装置的使用方法。

2. 学会按电路图正确连接实验电路,做到合理布线、方便测试,并能初步分析出故障的原因并排除故障。

3. 能够认真观察和分析实验现象,运用正确的实验手段,采集实验数据,绘制图表、曲线。科学分析实验数据,正确书写实验报告和分析实验结果,并能找出造成误差的原因。

4. 正确地运用实验手段验证一些定理和结论。

5. 对于设计性实验,要能根据实验任务,在实验前确定实验方案,设计实验电路,正确选择仪器、仪表、元器件,并能独立完成实验要求的内容。

6. 了解 Multisim 软件,利用 Multisim 所提供的元件来搭制模拟电路。通过 Multisim 所提供的测量仪器仪表,来观察电路现象,由此来提高实验分析和研究的能力。

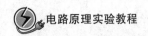

1.2　实验课进行方式

实验课一般分为课前预习、实验过程及整理实验报告三个阶段。

1.2.1　课前预习

实验能否顺利进行及收到预期效果,很大程度上取决于预习准备是否充分。预习的要求是:

1. 明确了解实验的目的、原理、实验仪器、实验任务及步骤。
2. 画出实验电路图,了解电路图的连接方法。
3. 画好需要填写实验数据的表格及绘制曲线的坐标等。
4. 根据每个实验的给定条件和具体要求,通过理论计算完成对实验待测数据的预测。
5. 完成书中的思考题和计算题。

以上预习内容写在统一的"实验报告"纸上,上实验课时带到实验室,由指导实验的老师检查并签名。凡未按要求预习者不得进行该次实验,也不能补做。

1.2.2　实验过程

良好的工作方法和操作程序,是使实验顺利进行的有效保证,一般实验按照下列程序进行:

1. 教师在实验前讲授实验要求及注意事项。
2. 学生在规定的实验台上进行实验。做好以下准备:

①按本次实验仪器设备清单清点元件设备,注意仪器设备类型、规格和数量是否符合实验要求,辅助设备是否齐全,检查仪器设备是否完好。若发现设备不足或损坏,应立即报告老师。

②了解设备的使用方法及注意事项。凡是较为复杂的仪器,要清楚了解其使用方法之后才能使用。在实验指导书的附录中,对 DG-X 实验装置和部分仪器设备的原理及使用方法作了简单介绍,学生应自行查阅,培养通过阅读说明掌握正确使用仪器方法的能力。若阅读说明后仍不知道如何使用该仪器,应向指导教师询问。

③按电路图接线时,应注意仪表的排列位置,以便于实验操作和读取实验数据。暂不用的设备在一边摆放整齐,保持台面整洁。

④做好记录的准备工作。学生应携带以下文具:水性笔、铅笔、橡皮擦、计算器、直尺、圆规、方格纸等,以便在实验的每一阶段完成时,立即分析所测数据是否合理。

3. 连接电路。仪器设备应布置到便于操作和读数的位置,接线时,按照电路图先连接主要串联电路(由电源的一端开始,顺次而行,再回到电源的另一端),然后连接分支电路,应尽量避免同一端上有很多的导线,连线完毕后,不要急于通电,应仔细检查,经自查无误并请老师复查同意后,才能通电开始实验。

4. 设备的操作和数据的记录。按照实验指导书上的实验步骤进行操作。操作时要注意:"手合电源,眼观全局;先看现象,再读数据。"

读数据前要清楚仪表的量程及刻度。读数姿势要正确,要求"眼、针、影成一线"。记录要完整清晰,一目了然。数据记录在事先准备好的统一的原始数据记录纸上,要尊重原始数据,实验后不得涂改。当需要把数据绘成曲线时,应以足够绘制一条光滑而完整的曲线为准,来确定读数的多少。读取数据后,可先把曲线粗略地描绘一下,发现不足之处,应及时弥补。

学生实验时要避免只测数据而不加以分析。为了培养分析数据的能力,在做每一步实验时,要求记录下来的实验数据(或绘制的波形)与预习时的计算值或者理论分析(值)应基本相符,才能改接线路进行下一步实验;如果不相符,应查找原因并重做该步骤。

5. 结束工作。完成规定的全部实验内容后,先断电,但不要急于拆除线路。应先自行核查实验数据,有无遗漏或不合理的情况(必要时可以请老师复查分析)。检查完毕之后,方可进行下列结尾工作:

①拆除实验线路(注意:一定要先断电,再拆除)。

②做好仪器设备、桌面、周围的清洁工作。

③经老师同意后方可离开教室。

1.2.3　整理实验报告

实验报告是对实验工作的全面总结,是实验课的重要环节。其目的是培养学生严谨的科学态度,要用简明的形式将实验结果表达出来。除画图、画表格可以用铅笔,其他部分均不许用铅笔及荧光笔,且用笔颜色应统一;作图画表均要使用直尺,不允许徒手画。实验报告要求文理通顺、简明扼要、字迹端正、图表清晰、结论正确、分析合理、讨论深入。

实验报告由预习报告、现场数据、数据整理及处理三个部分组成。

在预习实验时,写好预习报告。预习报告包括下列内容:

1. 实验目的。

2. 实验仪器与设备:列出实验所需的仪器和设备的名称、型号、规格和数量等。

3. 实验原理:包括实验原理和公式。

4. 任务和步骤:列出具体实验内容与要求,画出实验电路图,拟订主要步骤和数据记录表格。注意事项:实验中应注意哪些问题。

5. 数据预测。

6. 预习要求中的思考题与计算题。

现场数据即实验过程中记录原始数据的实验报告纸。要求纸张完整、记录清晰、数据带单位。数据整理及处理,即将现场数据整理(并列表),按实验报告要求及教师的要求,对实验数据进行分析计算(并列表),要求作图的,必须严格按要求(用方格纸、直尺、圆规等)作图,将方格纸剪成块、按处理顺序贴在实验报告纸上,勿将所有图形画在一大张方格纸上订在实验报告最前页或者最后页;根据对实验数据的分析和计算,分析误差产生的原因;回答课后思考题;并记录该次实验中出现的问题,写下心得体会。

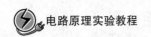

1.3 实验中的几个问题

1.3.1 学生实验守则

1. 凡进入实验室进行教学、科研活动的学生，必须严格遵守实验室的各项规章制度；

2. 实验前必须接受安全教育，认真做好预习准备，未做预习或无故迟到者，教师有权停止其实验；

3. 进入实验室应衣着整洁，不得随便串走，禁止喧哗、打闹；未经允许，不得拆改实验器材和摆弄与本实验无关的设备；

4. 学生应以实事求是的科学态度对待实验，细心观察现象，认真记录数据，原始数据须留一复印备份稿在教师处；实验后应独立完成数据处理，按时交给任课教师，不得抄袭或臆造；

5. 实验过程中，贵重仪器设备需在专人指导下使用；仪器设备如发生故障，应马上报告当值教师及时处理；

6. 实验完毕，需将仪器设备、实验工具及实验场地等按原样进行清理，借用的物品应归还，经教师同意后方可离场。

1.3.2 人身安全和设备安全

要求切实遵守实验室各项安全操作规程，以确保实验过程中的安全。为此，应注意以下几个方面：

1. 不得擅自接通电源。

2. 不得触及带电部分，遵守"先接线后通电源，先断电源后拆线"的操作程序。

3. 发现异常现象(声响、过热、焦臭味等)应立刻断开电源，并及时报告指导老师检查。

4. 注意仪器设备的规格、量程和操作规程，不了解性能和用法时不得随意使用该设备。

1.3.3 仪器仪表的选择与使用

注意仪器设备的容量、参数要适当。工作电源电压不能超过额定值。仪器仪表种类、量程、准确度要合适。

1. 仪表量程的选择

①电压表和电流表

仪表量程应大于被测电量，加大幅度一般在 1.1～1.5 倍，以减少测量误差。选用仪表时被测值愈接近仪表的量程，则所测值精度愈高。

②功率表

功率表的量程是电流量程与电压量程的乘积。但功率表一般不标功率量程，只标明电流量程和电压量程。因此，在选用功率表时，要使功率表中电流线圈和电压线圈的额定值大于被测负载的最大电流值和最大电压值。

③调压器

交流实验中的电源有时采用调压器,调压器的输出电压是可调的。实验时,在将调压器接入电路前,应先将调压器的调节手轮逆时针旋转到"0"位。如果调节调压器手轮的丝杆滑丝,可将电压表接在调压器的副边通电检查,使电压表指针为零伏,以确保实验时,调压器的输出电压从零伏开始。当顺时针转调节手轮(或旋钮)时,要使实验电压从零伏缓慢上升,同时注意仪表指示是否正确,有无声响、冒烟、焦臭味等异常现象。一旦发生上述现象,应立即切断电源或把调压器的手轮退到零位再切断电源,然后根据现象分析原因,查找故障。

2. 使用电子仪器的一般规则

①预热

实验中常用的电子仪器有示波器、信号发生器、毫伏表、直流稳压电源,这些仪器都需要交流供电。为了保证仪器的稳定性和测量精度,一般需预热 3~5 分钟后才能使用。

②接地

实验中信号电压或电流在传递和测量时,易受到干扰。一般应注意以下两点:第一,各仪器和实验装置应实现共地,即把各仪器和实验装置的接地端可靠地接在一起。第二,各仪器及实验装置之间的连线尽可能短。

1.3.4　线路的连接

1. 合理布局

将仪器设备合理布置,使之便于操作、读数和接线。合理布局的原则是:安全、方便、整齐,防止相互影响。

2. 正确连线

①根据电路的结构特点,选择合理的接线步骤,一般是"先串后并,先主后辅"。

②接线前把元件参数调到应有的数值,调压设备及电源设备应放在输出电压最小的位置,仪表的指针要调整对零(包括机械调整和电调零),然后按电路图接线。

③理清电路图上的节点与实验电路中各元件的对应关系

④实验线路应力求接得简单、清楚、便于检查。养成良好的接线习惯,走线要合理,导线的长度、粗细选择要适当,防止连线短路。接线端头不要过于集中于某一点,电表接头上非不得已不接两根导线。接线松紧要适当,不允许在线路中出现没固定端钮的裸露接头。

1.3.5　操作、观察、读数和记录

操作时要注意:手合电源、眼观全局;先看现象,再读数据。

数据测量和实验观察是实验的核心部分,读数前一定要先弄清楚仪表的量程和表盘上的每一小格所代表的实际数值,仪表的实际读数为:

$$实际读数 = \frac{使用量程}{刻度极限值} \times 指针指数 = K \times 指针指数$$

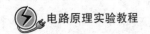

对于普通功率表，其读数值为：

$$实际读数=\frac{电压量程×电流量程}{刻度极限值}×指针指数=K×指针指数$$

对于低功率因数功率表，其读数值为：

$$实际读数=\frac{电压量程×电流量程×0.2}{刻度极限值}×指针指数=K×指针指数$$

上列式中，K 为仪表某量程时每一小格代表的数值。

正确读取数据，读数时应注意姿势要正确。要求"眼、针、影成一线"，即读数时应使自己的视线同仪表的刻度标尺相垂直。当刻度标尺下有弧形玻璃片时，要看到指针和镜片中的指针影子完全重合时，才能开始读数。要随时观察和分析数据。测量时既要忠实于仪表读数，又要观察和分析数据的变化。

数据记录要求完整，力求表格化，一目了然，并合理取舍有效数字（最后一位为估计数字）。数据须记在规定的实验原始数据记录纸上，要尊重原始数据记录，实验后不得随意修改。交报告时须将原始数据一起附上。波形、曲线一律画在方格纸上，坐标要适当。坐标轴上应注明量的符号和单位，标明比例和波形、曲线的名称。

1.3.6 故障分析

实验过程中常会遇到因断线、接错线等原因造成的故障，使电路工作不正常，严重时可能损坏设备，甚至危及人身安全。为尽量避免故障的出现，实验前一定要预习；实验中，按电路图有顺序地接线，避免在同一端钮上接很多导线；接线完毕后应对电路认真检查，不要急于通电。

实验室用到的电源一般都是可调的，对于交流电源，实验时电压应从零缓慢上升，同时注意仪表指示是否正常；对于直流电，则应先将电源的输出调到电路所需的规定值（如果实验没有要求，则也是从零开始缓慢上调），然后关掉开关再接线。不论是交流电还是直流电，在接通时都应注意观察有无声响、冒烟、焦臭味等异常现象，一旦发现上述异常现象，应立即切断电源并将电压输出调节旋钮调回零位（以下简称"调零"，此举防止处理完故障后、重新通电时再次将大电压加入电路，造成损坏）。然后根据现象分析原因，查找故障并进行处理。

在实验课上出现一些故障是难免的，关键是在出现故障时能够通过自己的分析，检查出故障原因并予以排除，使实验顺利进行下去，这样才能提高分析问题和解决问题的能力。

处理故障的一般步骤是：

(1) 若电路出现短路现象或其他损坏设备的故障时，应立即切断电源并调零，查找故障。一般首先检查接线是否正确。

(2) 根据出现的故障现象和电路的具体结构判断故障原因，确定可能发生故障的范围。

(3) 逐步缩小故障范围，直到找出故障点为止。

检查电路故障可以用以下两种方法：

(1) 电压表法，此法适用于无异常现象。

不切断电源,用电压表测量电路各节点的电压,根据电压大小或有无,判断电路故障。

(2) 欧姆表法,此法适用于有异常现象。

一定要切断电源调零,用欧姆表检查各支路是否连通,元件或仪表是否良好。

总之,在实验过程中遇到故障时,要耐心细致地去分析查找或请老师帮助查找,切不可遇难而退,只有动脑筋分析查找故障,才能提高自己分析问题和解决问题的能力,才能为今后的专业实验、生产实践与科学研究打下坚实的基础。

1.3.7　测量误差

在任何测量中,无论所用仪器多么精密,方法多么完善,实验者多么细心,所测结果总不能完全与被测的真实数值(称为真值)一致。测量结果与被测真值的差别叫做测量误差。误差可以用绝对误差和相对误差来表示。

若被测量的真值为 A_0,测量仪器的指示值为 X,则绝对误差为:

$$\Delta X = X - A_0$$

由于真值 A_0 一般无法求得,故常用高一级标准仪器测量的指示值 A 来代替真值,则:

$$\Delta X = X - A$$

测量精确度的高低常用相对误差来表示,相对误差是指绝对误差与被测量实际值的百分比值,即

$$\gamma = \frac{\Delta X}{A} \times 100\%$$

为了得到精确的测量结果,在测量过程中必须尽量减少各种误差,为此应该了解误差产生的原因、减小误差的方法,并学会估计误差。

(一)测量误差的分类

测量误差根据它们的性质可分为三大类,即系统误差、偶然误差和过失误差。

1. 系统误差

在规定的测量条件下,对同一量进行多次测量时,如果误差值保持恒定或按某种确定规律变化,则称这种误差为系统误差。例如,电表零点不准,温度、湿度、电源电压等变化造成的误差便属于系统误差。

系统误差产生的原因有以下几点:

(1) 工具误差:测量时所用的装置或仪器仪表本身的缺点而引起的误差。

(2) 外界因素影响误差:由于没按照技术要求使用测量工具,或由于周围环境不合乎要求而引起的误差。

(3) 方法误差或理论误差:由于测量方法不完善或测量所用理论根据不充分而引起的误差。

(4) 人员误差:由于测试人员的感官、技术水平、习惯等个人因素不同而引起的误差。

2. 偶然误差

偶然误差也称随机误差。在测量中,即使已经消除了引起系统误差的一切因素,而所测

数据仍会在末一位或末两位数字上有差别,这就是偶然误差。这种误差主要是由于各种随机因素引起的,如电磁场的微变、热起伏、空气扰动、大地微震、测量人员的心理或生理的某些变化等。

偶然误差有时大、有时小,有时正、有时负,无法消除,无法控制。但在同样条件下,对同一量进行多次测量,可以发现偶然误差是服从统计规律的,因此,只要测量的次数足够多,偶然误差对测量结果的影响就是可知的。通常在工程测量中可以不考虑偶然误差。

3. 过失误差

过失误差主要是由于测量者的疏忽所造成的。例如,读数错误、记录错误、测量时发生未察觉的异常情况,等等。这种误差是可以避免的,一旦有了过失误差,则应该舍弃有关数据,重新测量。

4. 精密度和准确度

精密度是指所测数据相互接近的程度,准确度是指所测数据与真值接近的程度。精确度是精密度和准确度两者的总称。在一组测量中,精密度可以很高而准确度不一定很高。但准确度高的测量,其精密度一定很高,即精确度高。可以用射击的目标——靶子上的弹着点的分布情况来说明。如图 1.3.1(a)所示,弹着点分散又不集中表示精密度差,准确度差,即精确度差;如图 1.3.1(b)所示,弹着点集中说明精密度高,但偏离靶心说明准确度差;如图 1.3.1(c)所示,弹着点都集中在靶心,表示精密度、准确度都高,即精确度高。

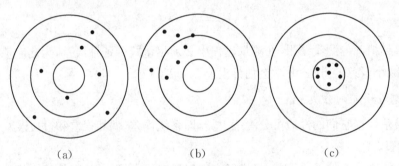

(a)　　　　　　　(b)　　　　　　　(c)

图 1.3.1　精密度和准确度的说明

为了减小误差提高测量的精确度,应采取以下措施:

(1) 避免过失误差,去掉含有过失误差的数据。

(2) 消除系统误差。

(3) 进行多次重复测量,取各次测量数据的算术平均值,以削弱偶然误差的影响。

(二) 系统误差的消除

消除或尽量减小系统误差是进行准确测量的条件之一,所以在进行测量之前,必须预先估计一切产生系统误差的根源,有针对性地采取措施来消除系统误差。

1. 对误差加以修正

在测量之前,应对测量所用量具、仪器、仪表进行检定,确定它们的修正值。把测得的这些仪表的测量值加上修正值,就可以求得被测物理量的实际值(真值),以消除工具误差。

2. 消除误差来源

测量之前应检查所用仪器设备的调整和安放情况。例如,仪表的指针是否指零,仪器设备的安放是否合乎要求,是否便于操作和读数,是否互相干扰等。测量过程中,要严格按规定的技术条件使用仪器,如果外界条件突然改变,则应停止测量。测量人员保持情绪稳定和精神饱满也有助于防止系统误差。此外,让不同的测量人员对同一个量进行测量,或用不同的方法对同一量进行测量,也有利于发现系统误差。

3. 采用正负误差相消法

用这种方法需要测两次,第一次是在系统误差为正值的条件下测量,然后改变测量条件使系统误差为负值再测一次,将两次测量的结果取平均,由于某种原因引起的系统误差就抵消了。例如,由于外界磁场的影响,仪表的读数会产生附加误差。这时若把仪表转动180°再测一次,则会因外磁场将对读数产生相反的影响而引起附加误差。两次结果取平均,正负误差可以抵消。

(三) 直接测量中误差的估计

一个完整的测量数据必须包括测量数据和测量误差两部分。只有测量数据而不知其误差,那么这个数据的可靠性就无法确定。例如,测量某电压为 100 V,若它的相对误差±1%,那么这个测量结果是比较准确的。若其相对误差达到±50%,那么这个测量数据就毫无意义了。

进行一般的工程测量时,只需对被测量进行一次测量,这时需要考虑的误差主要是系统误差,包括:

(1) 所用仪表或度量器的基本误差。

若在测量中用的是 α 级仪表,其量程为 A_{m},则读数为 A_x 时,测量结果的最大误差为:

$$\Delta A = \pm \alpha\% \times A_{\mathrm{m}}$$

最大相对误差为:

$$\gamma = \pm \frac{\alpha\% \times A_{\mathrm{m}}}{A_x} \times 100\%$$

(2) 仪表不在规定条件下工作时引起的附加误差。如工作位置、温度、频率、电压、外磁场等,无论哪一个偏离了规定的条件都会使仪表产生附加误差。它们所产生的附加误差的大小在国家标准中有具体的规定。

(3) 由于测量方法不当而引起的误差也应计入测量误差中。

下面举例说明怎样考虑上述各种误差。

例　用量程为 30 A 的 1.5 级的电流表,在 300 ℃ 的室温下测量 $I = 10$ A 的电流,试估计它的测量误差。

解　(1) 基本误差为:

$$\gamma = \pm \frac{1.5\% \times 30}{10} \times 100\% = \pm 4.5\%$$

(2) 由于仪表使用温度超出规定温度(20±2)℃的范围(超出 8 ℃),故会产生附加误

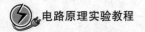

差。按规定附加误差为指示值的±1.5。

（3）总的测量误差为前两者之和，即±6%。

（四）间接测量中误差的估计

采用间接测量法时，间接测量的误差可由直接测量的误差按一定的公式计算出来。例如，通过测量某电阻两端的电压 U 和电流 I，再用公式 $R=U/I$ 计算电阻时，只要能够知道 U 和 I 的直接测量误差，就不难算出所测电阻 R 的误差。现在就下面几种情况说明怎样计算间接测量误差。

1. 被测量为几个量的和

$$y=x_1+x_2+x_3$$

则绝对误差

$$\Delta y=\Delta x_1+\Delta x_2+\Delta x_3$$

相对误差

$$\gamma_y=\frac{\Delta y}{y}=\frac{\Delta x_1}{y}+\frac{\Delta x_2}{y}+\frac{\Delta x_3}{y}=\frac{x_1}{y}\cdot\frac{\Delta x_1}{x_1}+\frac{x_2}{y}\cdot\frac{\Delta x_2}{x_2}+\frac{x_3}{y}\cdot\frac{\Delta x_3}{x_3}$$

$$=\frac{x_1}{y}\gamma_{x_1}+\frac{x_2}{y}\gamma_{x_2}+\frac{x_3}{y}\gamma_{x_3}$$

式中，γ_{x_1}，γ_{x_2}，γ_{x_3} 分别为测量 x_1，x_2，x_3 时的相对误差；γ_y 为合成相对误差。

可见，在所有的相加量中，数值最大的那个量的局部误差在合成误差中占主要比例。为了减小合成误差，首先要减小这个量的局部误差。此外，合成相对误差不会大于局部相对误差的最大者。

2. 被测量为两个量之差

$$y=x_1-x_2$$

合成绝对误差

$$\Delta y=\Delta x_1-\Delta x_2$$

合成相对误差

$$\gamma_y=\frac{x_1}{y}\gamma_{x_1}-\frac{x_2}{y}\gamma_{x_2}$$

误差可正可负，最不利的情况是：

$$\gamma_y=\left|\frac{x_1}{y}\gamma_{x_1}\right|+\left|\frac{x_2}{y}\gamma_{x_2}\right|$$

当所测 x_1，x_2 的数值接近时，被测量 y 很小，这样，即使测量 x_1，x_2 时的相对误差很小，合成误差仍可能很大，要尽量避免这样的间接测量。

3. 被测量为两个量的积或商

$$y=x_1^n x_2^m$$

两边取对数

$$\ln y=n\ln x_1+m\ln x_2$$

微分

$$\frac{d_y}{y} = n\frac{dx_1}{x_1} + m\frac{dx_2}{x_2}$$

$$\frac{\Delta y}{y} = n\frac{\Delta x_1}{x_1} + m\frac{\Delta x_2}{x_2}$$

最不利情况是

$$\gamma_y = |n\gamma_{x_1}| + |m\gamma_{x_2}|$$

可见,各局部相对误差一样时,指数较大的量对合成相对误差的影响也比较大。

通过这一部分的讨论可见,为了保证间接测量结果的准确性,应注意以下几点:

(1) 尽可能不采用两个量测量的结果相减的办法去决定第三个量。如果实在不可避免这种情况的话,则两个量的差别应比较大,并提高相减两个量的测量准确度。

(2) 当用两个量相乘来决定第三个量时,所用测量工具的误差符号最好相反;当用两个量相除来决定第三个量时,所用测量工具的误差符号最好相同。

(3) 若被测量决定于某量的 n 次幂,则该量的测量准确度要高些。

1.3.8　测量结果的处理

测量结果通常用数字和图形两种形式表示。对用数字表示的测量结果,在进行数据处理时,除了应注意有效数字的正确取舍外,还应制定出合理的数据处理方法,以减小测量过程中随机误差的影响。对以图形表示的测量结果,应考虑坐标的选择和正确的作图方法,以及对所作图形的评定等。

(一) 测量结果的数据处理

1. 有效数字的概念

在记录和计算数据时,必须注意有效数字的正确取舍,不能认为一个数据中小数点后面的位数越多,这个数据就越准确;也不能认为计算测量结果中保留的位数越多,准确度就越高。因为测量所得的结果都是近似值,这些近似值通常都用有效数字的形式来表示。所谓有效数字,是指从左边第一个非零的数字开始,直到右边最后一个数字为止的所有数字。例如,测得的频率为 0.0234 MHz,它是由 2、3、4 三个有效数字表示的频率值,而左边的两个 0 不是有效数字,因为它可以通过单位变换写成 23.4 kHz。其中,末位数字 4 通常是在测量该数字时估计出来的,称为欠准数字,它左边的各有效数字均为准确数字。准确数字和欠准数字都是结果不可少的有效数字。

2. 有效数字的正确表示

(1) 有效数字中只应保留一位欠准数字,因此在记录测量数据时,只有最后一位有效数字是欠准数字。这样记取的数据,表明被测量可能在最后一位数字上变化±1 单位。

例:用一只刻度为 50 分度、量程为 50 V 的电压表测量电压,测量电压为 41.6 V。该结果是用三位有效数字表示的,前两位数字是准确的,而最后一位是欠准的。因为它是根据最小刻度估读出来的,可能有±1 的误差,所以测量结果可表示为(41.6±0.1)V。

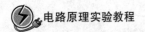

（2）在欠准数字中，要特别注意 0 的情况。

例：测量某电阻的阻值结果是 13.600 kΩ，表明前面四位 1、3、6、0 是准确数字，最后一位数 0 是欠准数字，其误差范围为 ±0.001 kΩ。如改写为 13.6 kΩ，则表明前面两位 1 和 3 是准确数字，最后一位 6 是欠准数字，其误差范围为 ±0.1 kΩ。这两种写法，尽管表示同一数值，但实际上反映了不同的测量准确度。如果用 10 的方幂来表示一个数据，则 10 的方幂前面的数字都是有效数字。例如，13.60×10^3 kΩ，则表明它的有效数字为 4 位。

（3）π，$\sqrt{2}$ 等常数，具有无限位数的有效数字在运算时可根据需要取适当的位数。

（4）当测量误差已知时，测量结果的有效数字位数应取得与该误差的位数相一致。例如，某电压测量结果为 4.471 V，若测量误差为 ±0.05 V，则该结果应改为 4.47 V。

3. 有效数据的运算

当测量结果需要进行中间运算时，有效数据位数保留太多将使计算变得复杂，而有效数字保留太少又可能影响测量精度。究竟保留多少位才恰当，原则上取决于参与运算的各数中精度最差的那一项。一般取舍规则如下：

（1）加减运算

由于参与运算的各项数据必为相同单位的同一类物理量，故精度最差的数据也就是小数点后面有效数字位数最少的数据（如无小数点，则为有效位数最少者）。因此，在运算前应将各数据小数点后的位数进行处理，使之与精度最差的数据相同然后再进行运算。

（2）乘除运算

运算前对各数据的处理仍以有效数据位数最少为准，所得积和商的有效数字位数取决于有效数字位数最少的那个数据。

例：求 $0.0121 \times 25.645 \times 1.05782 = ?$

其中 0.0121 为三位有效数字，位数最少，所以应对另外两个数据进行处理，即

$$25.645 \rightarrow 25.6 \qquad 1.05782 \rightarrow 1.06$$

所以 $\qquad 0.0121 \times 25.645 \times 1.05782 = 0.3283456 \approx 0.328$

若有效数字位数最少的数据中，其第一位数为 8 或 9，则有效数字位数应多记一位。例如，上例中 0.0121 若改为 0.0921，则另外两个数据应取四位有效数据。即

$$25.645 \rightarrow 25.65 \qquad 1.05782 \rightarrow 1.058$$

对运算项目较多或重要的测量，可酌情多保留 1～2 位有效数字。

（3）乘方及开方运算

运算结果应比原数据多保留一位数字，例如：

$$25.6^2 = 655.4 \qquad \sqrt{4.8} = 2.19$$

（4）对数运算

对数运算前后的有效数字位数相等，例如：

$$\ln 106 = 4.66 \qquad \lg 7.654 = 0.8839$$

（二）测量结果的图解分析

所谓图解分析，就是研究如何根据实验结果作出一条尽可能反映真实情况的曲线（包括

直线),并对该曲线进行定量分析。

在实际测量过程中,由于各种误差的影响,测量数据将出现离散现象,即将测量点直接连接不是一条光滑的曲线,而是成波动的折线状,如图 1.3.2 所示。图解分析的重要内容之一就是对一组离散的测量数据,运用有关的误差理论求得一条最佳曲线,即把各种随机因素引起的曲线波动抹平,使其成为一条光滑均匀的曲线。这个过程称为曲线修匀。

在要求不太高的测量中,常采用一条简便、可行的工程方法——分组平均法来修匀曲线或直线。这种方法是把横坐标分为若干组,例 m 组,每组包含 2~4 个数据点进行平均,所得的修匀曲线如图 1.3.3 所示。

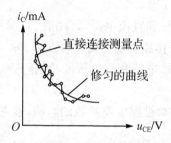
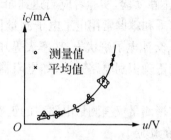

图 1.3.2 直接连接测量点时的波动现象　　图 1.3.3 分组平均法修匀曲线

应注意,在曲线斜率大和变化规律重要的地方,测量点适当选密些,分组数目也应适当多点,以确保准确。

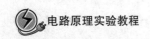

第二章 验证性实验

这部分实习主要根据已知的实验电路图,连接具体的元器件,应用电工电子测量仪器仪表,来测量电路的参数,并能够对所测量的数据进行分析和验证,来检验实验结果的正确性。

通过本章实验,实验者应当达到如下要求:

1. 熟悉和掌握常用电工电子测量仪器仪表(如直流电源、万用表、双踪示波器、函数信号发生器、交流电子毫伏表、功率表等)的基本工作原理及正确使用方法。

2. 能正确识别电路元件(如电阻器、电位器、电感和电容等),掌握其参数测量原理及方法。

3. 掌握测量仪表测量电路中的正确连接和对被测电路参数的影响,能考虑测试方法对测量结果的影响。

4. 能找出测量数据产生误差的原因,并具备一定的测量误差分析和测量数据处理能力。

在实验过程中,主要提高实验者的分析问题、解决问题的能力,培养实验者理论密切联系实际。

2.1 直流仪表使用与误差计算

一、实验目的

1. 熟悉新型电工测量仪表的结构、特性、使用方法。

2. 熟悉新型实验台电源的操作使用。

3. 学会数字表与指针表的误差分析与计算。

二、实验仪器及设备

序 号	仪器名称	规格(型号)	数 量	备 注
1	直流稳压电源		1	
2	直流电压表	ZVA-1	1	
3	直流电流表	ZVA-1	1	
4	大功率可变电阻箱		1	
5	电工实验平台		1	

三、实验原理

1. 电工仪表的分类

电工仪表按其结构原理可分为两大系列:以数字技术为基础构成的电子式数字显示仪

表和以电磁作用力为基础构成的机械式模拟指针表。

数字仪表是将连续变化的物理量(或称模拟量)转变为不连续、离散的数字量加以显示的新型仪表,它是电子技术、计算机技术、自动化技术以及精密电测技术互相结合的成果,是电工仪表发展的方向。

两大系列仪表的基本特点是:

数字表显示清晰、直观,读数方便,准确度高,分辨率高,更接近理想型仪表。

机械式模拟指针表虽在上述特性上远不及数字表,但具有直观地指示被测量连续变化的快慢情况以及直观地显示指示值与某设定值相对比例关系的特点,实验台使用数字表与模拟指针表相结合的双显示新型仪表,兼具两种仪表的优良性能。

2. 数字表与指针表的误差特性

(1) 指针表的基本误差以引用误差的形式来表达,引用误差定义为指针在满偏位置时的相对误差。

$$E_{A_m} = \pm \left(\frac{\Delta_m}{A_m} \times 100\% \right)$$

式中:Δ_m——指针表在该量程的最大绝对误差

A_m——指针表满偏值(量程)

引用误差(即基本误差)的数值定义为仪表的准确度等级,按规定仪表准确度共分七个等级,如表 2-1-1 所示

表 2-1-1 准确度等级与基本误差关系

准确度等级	0.1	0.2	0.5	1.0	1.5	2.5	5.0
基本误差%	±0.1	±0.2	±0.5	±1.0	±1.5	±2.0	±5.0

指针在量程的任一位置 A_X 时的相对误差 E_X 可表示为:

$$E_X = \pm A_m \left(\frac{\pm E_{A_m} \times A_m}{A_X} \right)$$

由上式可知指示值越小,相对误差越大,相对误差与指针位置的特性曲线如图 2.1.1 所示。

应特别注意仪表的基本误差是在规定的标准条件下测定的,实际应用中偏离规定条件时(如温度、湿度、频率、波形、外磁场等),还要加上各项附加误差值。

(2) 数字表的误差特性与误差表示方法与指针表不同,数字表误差由两部分之和来表示,仪表在任一指示值时的误差有两种表示方式:

①$\Delta_X = \pm (a\% \times A_X + b\% \times A_m)$

②$\Delta_X = \pm (a\% \times A_X + n)$

上式中:Δ_X——仪表在任一指示值 A_X 时的绝对误差

A_m——仪表量程

n——仪表最后几个数位允许变化的示值

a——与测量值有关的误差系数

b——仪表数字化过程的固有误差系数

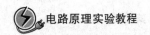

上述两式是等价的,若把几个值的误差折合成满量程的百分数就完全有相同表达式。

数字表的相对误差可根据绝对误差表达式写出为:

$$E_X = \pm \left(a\% + b\% \frac{A_m}{A_X} \right)$$

上式中当 $A_X = A_m$ 时

$$E_X = E_{A_m} = \pm (a\% + b\%)$$

E_{A_m} 定义为仪表的基本误差(即准确度级别)。

数字表相对误差与指示值的特性曲线如图 2.1.1 所示,由图可知同等级的数字表与指针表其误差特性是不一样的,在低位区的相对误差数字表比指针表小得多。

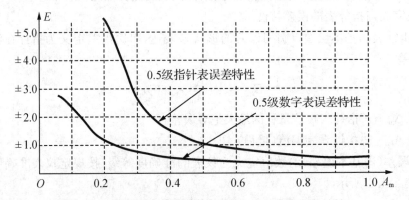

图 2.1.1 相同准确度级别的数字表与指针表的误差特性

(3) 理想型仪表接入电路测量时不存在分压效应与分流效应,实际电表由于都具有一定内阻,因此测量时必须考虑分压与分流效应产生的测量误差。该项误差是随着电路结构与参数而变,具有不确定性与不可预知性,并且其误差数值往往大幅超过仪表基本误差,会严重影响实验质量,在简单直流电路中还可通过各种多次测量间接运算来减少该项误差,在交流电路中由于存在电感、电容、非正弦波形等多种因素影响使该项误差无法校正。因此,测量中必须掌握仪表的这一特性,仪表结构越完善、性能越高就越接近理想型仪表。

(4) ZVA-1 型精密直流电压电流表的使用

ZVA-1 型精密直流电压、电流组合表是一种数显直流毫安表、直流安培表以及数显直流电压为一体的多用组合仪表,左下方两输入接线口及对应的按键开关为三量程直流毫安表,右上方两输入插口及对应按键开关为三量程直流安培表,显示部分共用,两表量程开关互相机械连锁,所以只能择一使用。

仪表设有超量程以及极性接反报警及超限或反接超限次数自动记录装置,所以使用时应正确接线,合理选择量程,避免超限。

另外,变换仪表量程时只需迅速按下所要的量程按钮开关即可,切记不要同时按下两个量程开关。

数字表无需调零点,数字表的准确度为 0.5 级,直接读数。

面板上"读数锁存"按键控制数字表数据锁定。

应注意锁定数字表时接通电源,仪表可能会有不正常显示,只要复位即可正常。

仪表接通或关断供电电源都需要 15 秒钟的预热和复位时间。

仪表后面设有计算机接口,如实验台装有学生控制机即可通过控制机上小键盘与教师管理计算机进行数据通信操作。

仪表背后有一个 2 A 熔丝管与毫安表输入端串联,如需更换可打开实验屏后门。

ZVA-1 型精密直流电压表档使用注意事项相同。

表 2-1-2　ZVA-1 型直流电流表档主要技术参数

参　数 量　限	满量程显示值	误差计算式	内 电 阻
2 mA	$A_m = 1.999$	$\pm(0.3\%A_X + 0.2A_m)$	$< 0.1\ \Omega$
20 mA	$A_m = 19.99$	$\pm(0.3\%A_X + 0.2A_m)$	$< 0.1\ \Omega$
200 mA	$A_m = 199.9$	$\pm(0.3\%A_X + 0.2A_m)$	$< 0.1\ \Omega$
1 A	$A_m = 1.000$	$\pm(0.3\%A_X + 0.2A_m)$	$< 0.1\ \Omega$
2 A	$A_m = 1.999$	$\pm(0.3\%A_X + 0.2A_m)$	$< 0.1\ \Omega$
5 A	$A_m = 5.000$	$\pm(0.3\%A_X + 0.2A_m)$	$< 0.1\ \Omega$

表 2-1-3　ZVA-1 型直流电压表档主要技术参数

参　数 量　限	满偏显示值	误差计算式	内 电 阻
2 V	$A_m = 1.999$	$\pm(0.3\%A_X + 0.2A_m)$	4 MΩ
20 V	$A_m = 19.99$	$\pm(0.3\%A_X + 0.2A_m)$	4 MΩ
200 V	$A_m = 199.9$	$\pm(0.3\%A_X + 0.2A_m)$	4 MΩ
500 V	$A_m = 500.0$	$\pm(0.3\%A_X + 0.2A_m)$	4 MΩ

(5) 实验台直流稳压电源与直流稳流电源的使用

实验台设有两个独立的直流稳压电源,输出电压均可通过调节"粗调"与"细调"多圈电位器使输出电压在 0—25 V 范围内改变,每个稳压源的额定输出电流为 1 A。输出电压可由面板指示电表作粗略指示。使用时注意正确接线及极性,防止输出短路,多圈电位器可转动 5 圈,应轻转细调,使用完毕断开电源开关。

稳流电源输出电流调节可通过分档粗调开关及细调多圈电位器在 1—10 mA 及 0—200 mA 范围内进行调节。由于电流源理论上是不能开路的(就像电压源不能短路一样),因此在使用时应预先接好外电路,然后合上稳流源电源开关。为防止电流源对外电路的冲击,设置了预调功能,即当电流源的电源开关断开时接通一个内部负载,通过调节可在板上方指示电表上显示电流值,当电源开关接通时就断开内部负载向外部负载输出已调的电流,内转外时无任何开路冲击现象。

使用电流源时应注意当电源开关接通时在任何情况下不要中断外部负载,否则会产生较高输出电压,此时如再度接通外部负载就可能产生冲击电流使仪表过载记录。

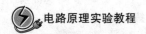

如需改接外部线路应先断开电源开关,此时内部负载与外部负载是并联的,再断开外线路就不会使电流源开路。

另外,需注意电源板上小电流表的量程能随着输出电流粗调开关位置同步转换,在 0～10 mA 位置时满偏是 100 mA,在 0—200 mA 位置时满偏为 200 mA。

电流源使用完后应断开开关并将预调电流降低至零。

四、实验内容及步骤

ZVA-1 型直流电流表的内阻测定:

ZVA-1 直流电流表采用特殊设计结构使其内阻特低,尤其是小量程内阻是一般数字表的 $\frac{1}{100}$～$\frac{1}{200}$,因而可大幅提高实际测量精度。

内阻测定方法很多,实验中采用串联电阻法与并联电阻法两种。

（1）串联电阻法

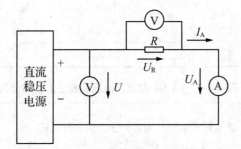

图 2.1.2 直流电流表内阻串联测量电路

图中:A 为待测内阻电流表(ZVA-1 型直流电流表);V 为高内阻直流电压表(ZVA-1 型直流电压表);R 为串联电阻箱电阻(准确度±1%)。

实验步骤:

①选定 A 表量程 2 mA,V 表量程 2 V,$R=1\ \text{k}\Omega$。

②接好线路,直流稳压电源输出由零缓慢增至 A 表显示值为 2.000 mA。

③分别测量 U 及 U_R。

④计算 A 表 2 mA 内阻 R_A 及其测量误差 E_{RA}。

$$R_A = \frac{U_A}{I_A} = \frac{U - U_R}{I_A} \quad E_{RA} = \pm(|E_{UA}| + |E_{IA}|)$$

在测量中,由于测量 U 及 U_R 使用同一仪表的同一量程,且在接近相同显示值状态下进行,所以 E_{UA} 可近似为:

$$E_{UA} = \frac{U}{U_A} \times E_U - \frac{U_R}{U_A} \times E_{UR} \approx E_U \times \frac{U - U_R}{U_A} = E_U$$

另外,在测量 U_R 时由于电压表内阻为 4 MΩ≫R,可以不考虑分流效应。

表 2-1-4　实验数据

电流表型号	编　号	使用量程	电压表型号	编　号	使用量程
实　验　测　量　数　据(传送数据)					
计　算　数　据					
U_A	R_A	E_U	E_{IA}	E_{RA}	R(设置值)

（2）并联电阻法

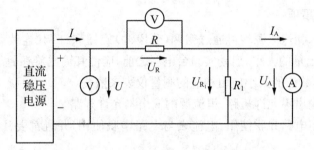

图 2.1.3　直流电流表内阻并联测量电路

实验步骤:

①选定电流表量程 2 mA,电压表量程 2 V,$R=1$ kΩ,$R_1=100$ Ω。

②接好线路,先断开 R_1,预调电流源电流为 1 mA 左右后接通其电源开关输出电流,并逐渐增加至 2 mA。

③读出 V 表及 A 表显示值 U_R 及 I_{A1},然后接上 R_1,保持 V 表示值不变情况下读出 A 表显示值 I_{A2},计算 R_A 值及其测量相对误差 E_{RA}。

$$R_A=\frac{I_{R1}}{I_{A2}}\times R_1=\frac{I_{A1}-I_{A2}}{I_{A2}}\times R_1$$

$$E_{RA}=\pm(|E_{IR1}|+|E_{IA2}|+E_{R1})$$

与串联电阻法相似,由于测量 I_{A1} 及 I_{A2} 使用同一仪表的同一量程且在很接近相同显示值状态下进行,可用同样方法计算 E_{IR1},R_1 用电阻箱电阻测量相对误差 $E_{R1}=\pm1\%$。

表 2-1-5 实验数据

电流表型号	编 号	使用量程	电压表型号	编 号	使用量程
实 验 测 量 数 据(传送数据)					
U_R	I_{A1}	I_{A2}			
计 算 数 据 及 设 置 数 据					
E_{IR1}	E_{IA2}	E_{R1}	E_{RA}	R_A	R	R_1	

五、实验注意事项

1. 直流稳压源和恒流源均可通过粗调(分段调)旋钮和细调(连续调)旋钮调节其输出量,并可显示其输出量的大小,启动实验台电源之前,应使其输出旋钮置于零位,实验时再缓慢地增、减输出,其数值的大小应由相应的测量仪表来监测。

2. 稳压源的输出不允许短路,恒流源的输出不允许开路。

3. 电压表应与电路并联使用,电流表与电路串联使用,并且都要注意极性与量程的合理选择。

六、预习思考题

1. 根据实验内容,若已求出 0.5 mA 档和 5 V 档的内阻,可否直接计算得出5 mA 档和 10 V 档的内阻?

2. 用量程为 10 A 的电流表测实际值为 8 A 的电流时,实际读数为 8.1 A,求测量的绝对误差和相对误差。

3. 在用伏安法测量电阻的两种电路(即电流表内接和外接电路)时,被测电阻的实际值为 R_X,电压表的内阻为 R_V,电流表的内阻为 R_A,求两种电路测电阻 R_X 的相对误差。

七、实验报告要求

1. 列表记录实验数据,并计算各被测仪表的内阻值。

2. 计算实验内容的绝对误差与相对误差。

3. 对预习思考题的计算。

4. 本次实验的收获和体会。

2.2 测量误差分析计算

一、实验目的

1. 掌握仪表内阻在测量中产生的误差及分析方法。

2. 了解在直流测量中减小方法误差的措施与适用范围。

二、实验仪器及设备

序 号	仪器名称	规格(型号)	数 量	备 注
1	直流稳压电源		1	
2	直流电压表	ZVA-1	1	
3	直流电流表	ZVA-1	1	
4	大功率可变电阻箱		1	
5	电工实验平台		1	

三、实验原理

测量误差可分为系统误差及随机误差两类。系统误差又可分为基本误差、附加误差、方法误差等三类。对一个已确定的仪表及仪表使用环境而言,方法误差是影响测量结果的主要因素,尤其是对于一个结构欠完善的仪表在测量中其方法误差可远大于仪表本身的精度等级。

方法误差中造成测量结果质量极低的主要原因是仪表内阻产生的分流效应与分压效应。在简单的直流测量场合,这种方法误差可通过理论分析与计算的方法使其减小,但在复杂电路测量中或交流测量中这种方法的实用性极为有限。

本实验中用不同仪表通过简单测量电路来分析计算比较方法误差对测量结果的影响。

四、实验内容及步骤

1. 验证欧姆定律

电压表监测选定量程为 2 V,电压表测量精度按 $E_U = \left(0.3\% + 0.2\% \dfrac{A_m}{A_X}\right)$ 计算。

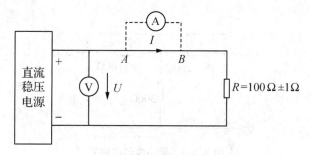

图 2.2.1 欧姆定律验证电路图

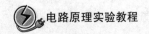

由欧姆定律可知流过电阻 R 的电流为

$$I=\frac{U}{R}=\frac{200\times10^{-3}\ \mathrm{V}}{100\ \Omega}=2\times10^{-3}\ \mathrm{A}=2\ \mathrm{mA}$$

最大相对误差 $E_1=\pm(|E_U|+|E_R|)=\pm(2.3\%+1\%)=\pm3.3\%$。

实验步骤：

(1) A、B 两点不接电流表，调节稳压源输出电压 $U=200$ mV。

(2) A、B 两点接入 ZVA-1 型电流表，量程选定 2 mA，读出实测电流值，并计算测量值相对误差与最大相对误差值进行比较。

(3) 用市售任何形式高精度 $3\frac{1}{2}$ 位或 $4\frac{1}{2}$ 位数字表 2 mA 档代替接入 A、B 两点读取电流值进行误差计算(如无其他数字表可在 JDA-21 型表接线端串联一个 100 Ω 电阻来模拟，因该类数字表 2 mA 量程内阻均较 JDA-21 型表大 1 100 倍左右)。

(4) 如有上述数字表可再进行一项。在图 2.2.1 同一电路状态下，用不同量程(例如 2 mA 及 20 mA)测量电流，对结构完善的理想型仪表，除显示有效位数不同外其测量值应相同。

上述测试比较是在电路中电流为已知值时用接入仪表实测数值加以验证，实际测量情况是电路可能比较复杂，电路电流都未知，要用仪表接入后读数来确定，这样一般高内阻电流表的测量可信度就会很低。

2. 基尔霍夫电流定律实验测试

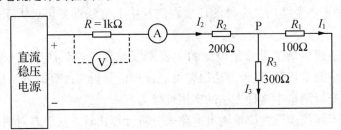

图 2.2.2　基尔霍夫定律验证电路图

实验步骤：

(1) 使 $R_1=100$ Ω，$R_2=200$ Ω，$R_3=300$ Ω，电阻精度均为 1.0 级，可使用 D02 元件板或电阻网络，双口网络 B 中元件，该网络内部结构如图 2.2.3 所示，$R=1$ kΩ，可用任意精度电阻。

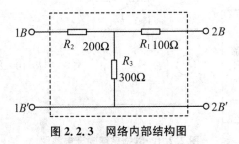

图 2.2.3　网络内部结构图

(2) 接好线路，选定 ZVA-1 型电流表 A 的量程为 2 mA，调节电流源使 $I_2=2$ mA，记录 V 表及 A 表读数。

(3) 保持 $I_1=2$ mA 即保持 V 表读数不变的情况下，将 A 表分别接至 R_1 及 R_3 支路测量 I_1 及 I_3。

(4) 如果不计电流表读数误差，则对电路结点 P 应有关系式：

$$I_2=I_1+I_3$$

绝对误差 $\qquad\qquad\Delta=I_2-(I_1+I_3)$

相对误差 $\qquad\qquad E=\dfrac{\Delta}{I_2}\times100\%$

(5) 用 ZVA-1 数字电流表测量 $I_1{}'$ 及 $I_3{}'$（I_2 保持不变）

绝对误差 $\qquad\qquad\Delta'=I_2-(I_1{}'+I_3{}')$

相对误差 $\qquad\qquad E'=\dfrac{\Delta'}{I_2}\times100\%$

实验结果：

表 2-2-1 实验内容 1 测试结果

U	E_U	R	E_R	计算值 I	E_I
JDA-21 表实测	I_1	E_{I1}	$\Delta_1=I-I_1$	$E_1=\dfrac{\Delta_1}{I}\times100\%$	
一般数字表实测	I_2	E_{I2}	$\Delta_2=I-I_2$	$E_2=\dfrac{\Delta_2}{I}\times100\%$	

表 2-2-2 实验内容 2 测试结果

R	R_1	R_2	R_3	U	I_2
JDA-21 表实测	I_1	I_3	$\Delta=I_2-(I_1+I_3)$	$E=\dfrac{\Delta}{I_2}\times100\%$	
一般数字表实测	I_1'	I_3'	$\Delta'=I_2-(I_1'+I_3')$	$E'=\dfrac{\Delta'}{I_2}\times100\%$	

3. 方法误差的补偿实验测量（选做）

图 2.2.4 中如需测量 A、B 两点短路时的电流 I，由于接入有高内阻的电流表后必然改变原电路状态而产生较大的测量方法误差，为减小这种误差可采用具有不同内阻的电流表进行两次测量，然后进行适当运算求出电路原来实际电流。

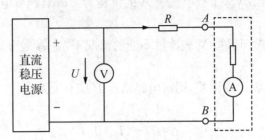

图 2.2.4　误差补偿实验电路图

实验方法：

（1）如电流表用 ZVA-1 型低内阻表串联不同电阻 $R_{A1}=20\ \Omega$ 及 $R_{A2}=200\ \Omega$ 模拟成两种高内阻的电流表分别接入电路测量。

（2）选 $R=500\ \Omega$，U 调至 1.000 V，则 A、B 两点短路时 $I=\dfrac{U}{R}=2$ mA。

当 $R_{A1}=20\ \Omega$ 电流表接入 A、B 两点时显示电流 $I_1=\dfrac{U}{R+R_{A1}}$。

当 $R_{A2}=200\ \Omega$ 电流表接入 A、B 两点时显示电流 $I_2=\dfrac{U}{R+R_{A2}}$。

解上述两式可计算得电路电流 I' 为

$$I'=\frac{I_1 I_2 (R_{A2}-R_{A1})}{I_2 R_{A2}-I_1 R_{A1}}$$

$$\Delta=I-I'$$

$$E=\frac{\Delta}{I}\times 100\%$$

表 2-2-3　误差补偿实验结果

原电路参　数	U	R	$I=\dfrac{U}{R}$	R_{A1}	R_{A2}
两次测量结果	I_1	I_2	I'	$\Delta=I-I'$	$E=\dfrac{\Delta}{I}\times 100\%$

　　由上述简单电路实验可知为减少电流表内阻产生的方法误差需经两次测量及多次运算，如按误差理论计算 E 会明显增加，复杂电路更甚。因此，减少方法误差的根本途径是选择低内阻的电流表。

五、实验注意事项

　　1. 直流稳压源和恒流源均可通过粗调（分段调）旋钮和细调（连续调）旋钮调节其输出量，并可显示其输出量的大小，启动实验台电源之前，应使其输出旋钮置于零位，实验时再缓慢地增、减输出，其数值的大小应由相应的测量仪表来监测。

　　2. 稳压源的输出不允许短路，恒流源的输出不允许开路。

3. 电压表应与电路并联使用,电流表与电路串联使用,并且都要注意极性与量程的合理选择。

六、预习思考题

1. 用带有一定内阻的电压表测出的端电压值为何比实际值偏小?

2. 用具有一定内阻的电流表测出的支路电流值为何比实际值偏小?

3. 如何减小因仪表内阻而产生的测量误差? 主要有几种方法?

4. 双量程两次测量法和单量程两次测量法的依据是什么? 主要区别在哪里?

5. 实验中所用的万用表是精确仪表,在一般情况下,直接测量误差不会太大,只有当被测电压源的内阻>1/5 电压表内阻或者被测电流源内阻≪5 倍电流表内阻时,采用本实验测量,计算法才能得到满意的结果。

七、实验报告要求

1. 完成各项实验数据的测量与计算。

2. 本次实验的收获与体会。

2.3 电路基本元件的伏安特性测定

一、实验目的

1. 掌握几种元件的伏安特性的测试方法。

2. 掌握实际电压源和电流源使用调节方法。

3. 学习常用直流电工仪表和设备的使用方法。

二、实验仪器及设备

序 号	仪器名称	规格(型号)	数 量	备 注
1	直流稳压电源		1	
2	直流电压表	ZVA-1	1	
3	直流电流表	ZVA-1	1	
4	大功率可变电阻箱		1	
5	电工实验平台		1	

三、实验原理

1. 在电路中,电路元件的特性一般用该元件上的电压 U 与通过元件的电流 I 之间的函数关系 $U=f(I)$ 来表示,这种函数关系称为该元件的伏安特性,有时也称外特性,对于电源的外特性则是指它的输出端电压和输出电流之间的关系,通常这些伏安特性用 U 和 I 分别作为纵坐标和横坐标绘成曲线,这种曲线就叫做伏安特性曲线或外特性曲线。

2. 本实验中所用元件为线性电阻、白炽灯泡、一般半导体二极管整流元件及稳压二极管等常见的电路元件,其中线性电阻的伏安特性是一条通过原点的直线,如图 2.3.1(a)所示,该直线的斜率等于该电阻的数值,白炽灯泡在工作时灯丝处于高温状态,其灯丝电阻随着温度的改变而改变,并且具有一定的惯性,又因为温度的改变是与流过的电流有关,所以它的伏安特性为一条曲线,如图 2.3.1(b)所示。由图可见,电流越大温度越高,对应的电阻也越大。一般灯泡的"冷电阻"与"热电阻"可相差几倍至十几倍,一般半导体二极管整流元件也是非线性元件,当正向运用时其外特性如图 2.3.1(c)所示,稳压二极管是一种特殊的半导体器件,其正向伏安特性类似普通二极管,但其反向伏安特性则较特别,如图 2.3.1(d)所示,在反向电压开始增加时,其反向电流几乎为零,但当电压增加到某一数值时(一般称稳定电压)电流突然增加,以后它的端电压维持恒定不再随外加电压升高而增加,利用这种特性在电子设备中有着广泛的应用。

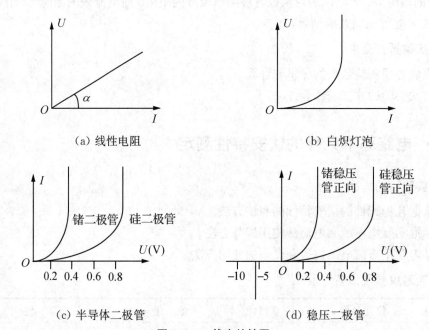

（a）线性电阻　　　　　　　　　（b）白炽灯泡

（c）半导体二极管　　　　　　　（d）稳压二极管

图 2.3.1　伏安特性图

四、实验内容及步骤

1. 测定一线性电阻 R 的伏安特性

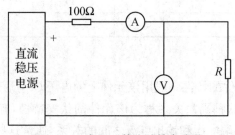

图 2.3.2　电阻 R 伏安特性电路图

　　按图 2.3.2 接线,调节稳压电源的输出电压,即能改变电路中的电流,从而可测得通过电阻 R 的电流及相应的电压值。将所读数据列入表 2-3-1 中(注意流过 R 的电流应是电流表读数减去流过电压表中的电流），计算 R 时可予校正。流过电压表的电流可根据其标明的电压灵敏度计算而得。

表 2-3-1　线性电阻 R 的伏安特性

$I(\text{mA})$					
$U(\text{V})$					

2. 测定白炽灯泡的伏安特性

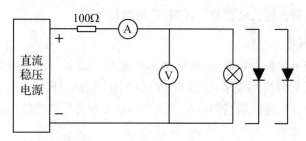

图 2.3.3　其他元器件伏安特性电路图

　　将上述电路中的电阻换成白炽灯泡，重复上述步骤即可测得白炽灯泡两端的电压及相应的电流数值，数据列入表 2-3-2 中。

表 2-3-2　白炽灯泡的伏安特性

$I(\text{mA})$					
$U(\text{V})$					

3. 测定二极管的伏安特性

　　按图 2.3.3 接线，同样调节电源输出电压，并记下相对应的电压和电流值，数据列入表 2-3-3 中。

表 2-3-3　一般硅二极管正向伏安特性

$I(\text{mA})$					
$U(\text{V})$					

4. 测定稳压二极管的反向伏安特性

　　将步骤 3 中的一般二极管换成稳压二极管，重复上述步骤并记下读数。

表 2-3-4　稳压二极管反向伏安特性

$I(\text{mA})$					
$U(\text{V})$					

五、实验注意事项

　　1. 测二极管正向特性时，稳压电源输出应由小至大逐渐增加，应时刻注意电流表读数不得超过 25 mA，稳压源输出端切勿碰线短路。

　　2. 进行上述实验时，应先估算电压和电流值，合理选择仪表的量程，并注意仪表的

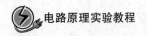

极性。

3. 如果要测二极管的伏安特性,则正向特性的电压值应取 0,0.1,0.13,0.15,0.17,0.19,0.21,0.24,0.30(V),反向特性的电压应取 0,2,4,6,8,10(V)。

六、预习思考题

1. 线性电阻与非线性电阻的概念是什么?电阻器与二极管的伏安特性有何区别?

2. 若元件伏安特性的函数表达式为 $I = f(U)$,在描绘特性曲线时,其坐标变量应如何放置?

3. 稳压二极管与普通二极管有何区别,其用途如何?

七、实验报告要求

1. 根据实验结果和表中数据,分别在坐标纸上绘制出各自的伏安特性曲线(其中二极管和稳压管的正、反向特性均要求画在同一张图中,正、反向电压可取为不同的比例尺)。

2. 对本次实验结果进行适当的解释,总结、归纳被测各元件的特性。

3. 必要的误差分析。

4. 总结本次实验的收获。

2.4 直流电路中电压与电位的实验研究

一、实验目的

1. 加深理解电位、电位差(电压),电位参考点及电压、电流参考方向的意义。

2. 实验证明电路中各点电位的相对性,电压的绝对性,等位点的公共性。

二、实验仪器及设备

序　号	仪器名称	规格(型号)	数　量	备　注
1	直流稳压电源		1	
2	直流电压表	ZVA-1	1	
3	直流电流表	ZVA-1	1	
4	大功率可变电阻箱		1	
5	电工实验平台		1	

三、实验原理

一个由电动势和电阻元件构成的闭合回路中,必定存在电流的流动,电流是正电荷在电势作用下沿电路移动的集合表现,并且我们习惯规定正电荷是由高电位点向低电位点移动的。因此,在一个闭合电路中各点都有确定的电位关系。但是,电路中各点的电位高低都只能是相对的,所以我们必须在电路中选定某一点作为比较点(或称参考点),如果设定该点的电位为零,则电路中其余各点的电位就能以该零电位点为准进行计算或测量。

在一个确定的闭合电路中,各点电位高低虽然相对参考点电位的高低而改变,但任意两点间的电位差(电压)则是绝对的,它不会因参考点电位变动而改变。

根据上述电位与电压的性质,我们就可用一个电压表来测量各点电位与任何两点间的电压。如果电位作纵坐标,电路中各点位置作(电阻)横坐标,将测量到的各点在坐标平面中标出,并把标出点按顺序用直线相连接就可得到电路的电位变化图。每段直线即表示两点间电位变化的情形。例如在图2.4.1电路中,如果选定a点为电位参考点,并且将a点连接到大地作为零电位点。从a点开始顺时针向或逆向绕行作图均可。当然,在电路中选任何点作参考点都可,不同参考点所作电位图形是不同的,但说明电位变化规律则是一样的。

如果以a点开始顺时针方向作图,则可得图2.4.2所示电位图。以a点置坐标原点自a至b的电阻为R_3,在横坐标上取R_3单位比例尺得b点,因b点的电位是φ_b,作出b'点,因a点的电位$\varphi_a=0$,所以$\varphi_b-\varphi_a=\varphi_b=-IR_3$,电流方向自$a$至$b$,$a$点电位应较$b$点电位高,但$\varphi_a=0$,所以$\varphi_b$是负电位。$ab'$直线即表示电位在$R_3$中变化情形。直线的斜率表示电流的大小。自$b$至$c$为电池,如果内电阻忽略,则$b$至$c$将升高一电位其值等于$E_1$,即$\varphi_c-\varphi_b=E_1$,$\varphi_c=\varphi_b+E_1=E_1-IR_3$,因为电池无内阻,故$b$点与$c$点合一,而直线自$b'$垂直上升至$c'$,$b'c'=E_1$。以此类推可作出完整的电位变化图。显见,沿回路一周,终点与起点同为a点,可见沿闭合回路一周所有电位升相加总和必定等于所有电位降相加总和。

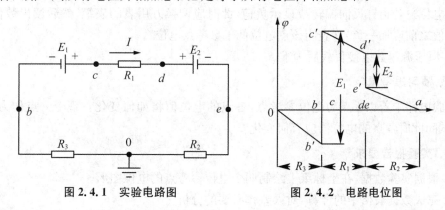

图 2.4.1 实验电路图　　　　图 2.4.2 电路电位图

如果把a点电位升高(或降低)某一数值,则电路中各点电位也变化同样的值,但两点间电位差仍然不变。

在电路中可能有两个或多个电位相等的点,如果将这些点全部用导线连接起来,则连接导线中不会有电流,对整个电路的状态也不会改变。

此外,作电位图或实验测量中必须正确区分电位和电位差的正负,按照惯例以电流方向的电位降为正,电位差$U_{ab}=\varphi_a-\varphi_b$,如果为正即表示$a$点电位高于$b$点,如果为负即表示$b$点电位高于$a$点。在用电压表测量时如果指针正偏转则电表正极电位高于负极。

四、实验内容及步骤

1. 按图2.4.3实验线路测定各点电位及各顺序两点间的电位差。

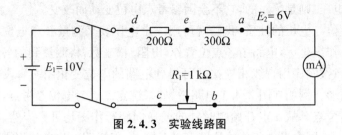

图 2.4.3　实验线路图

2. 找出电路中的等位点,然后用导线相连,重测各点电位及相应电位差。

图 2.4.3 中 E_1,E_2 为电压源,R_1 为可变电阻器,f 点为中间分压头,改变其位置可找到与 a 点等电位点。

五、实验注意事项

1. 实验线路板系多个实验通用,本次实验中不使用电流插头和插座。带故障的钮子开关需都断开。

2. 测量电位时,用指针式电压表或用数字直流电压表测量时,用黑色负表笔接电位参考点,用红色正表笔接被测各点,若指针正向偏转或显示正值,则表明该点电位为正(即高于参考点电位);若指针反向偏转或显示负值,此时应调换万用表的表笔,然后读出数值,此时在电位值之前应加一负号(表明该点电位低于参考点电位)。

3. 恒压源读数以接负载后为准。

六、预习思考题

实验电路中若以 b 点为电位参考点,各点的电位值将如何变化? 现令 e 点作为电位参考点,试问此时各点的电位值应有何变化?

七、实验报告要求

1. 根据实验数据,在坐标纸上绘制两个电位参考点的电位图形。

2. 完成数据表格中的计算,对误差作必要的分析。

3. 总结电位相对性和电压绝对性的原理。

4. 分析比较实验结果,说明电位的性质。

5. 本次实验的心得体会及其他。

2.5　基尔霍夫定律

一、实验目的

1. 加深对基尔霍夫定律的理解。

2. 用实验数据验证基尔霍夫定律。

3. 熟练仪器仪表的使用技术。

二、实验仪器及设备

序 号	仪器名称	规格(型号)	数 量	备 注
1	直流稳压电源		1	
2	直流电压表	ZVA-1	1	
3	直流电流表	ZVA-1	1	
4	大功率可变电阻箱		1	
5	电工实验平台		1	

三、实验原理

基尔霍夫定律是电路理论中最基本的定律之一,它阐明了电路整体结构必须遵守的规律,应用极为广泛。

基尔霍夫定律有两条:一条是电流定律,另一条是电压定律。

1. 基尔霍夫电流定律(简称 KCL):在任一时刻,流入到电路任一节点的电流总和等于从该节点流出的电流总和,换句话说就是在任一时刻,流入到电路任一节点的电流的代数和为零。这一定律实质上是电流连续性的表现。运用这条定律时必须注意电流的方向,如果不知道电流的真实方向时可以先假设每一电流的正方向(也称参考方向),根据参考方向就可写出基尔霍夫的电流定律表达式,例如图 2.5.1 所示为电路中某一节点 N,共有五条支路与它相连,五个电流的参考正方向如图 2.5.1 所示,根据基尔霍夫定律就可写出:

$$I_1 + I_2 + I_3 + I_4 + I_5 = 0$$

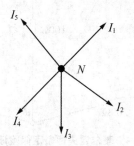

图 2.5.1　电路中某一节点

如果把基尔霍夫定律写成一般形式就是 $\sum I = 0$。显然,这条定律与各支路上接的是什么样的元件无关,不论是线性电路还是非线性电路,它都是普遍适用的。

电流定律原是运用某一节点的,我们也可以把它推广运用于电路中的任一假设的封闭面,例如图 2.5.2 所示封闭面 S 所包围的电路有三条支路与电路其余部分相连接其电流为 I_1,I_2,I_3,则

$$I_1 + I_2 + I_3 = 0$$

因为对任一封闭面来说,电流仍然必须是连续的。

2. 基尔霍夫电压定律(简称 KVL):在任一时刻,沿闭合回路电压降的代数和总等于零。把这一定律写成一般形式即为 $\sum U = 0$,例如在图 2.5.3 所示的闭合回路中,电阻两端的电

压参考正方向如箭头所示,如果从节点 a 出发,顺时针方向绕行一周又回到 a 点,便可写出:

$$U_1 + U_2 + U_3 + U_4 + U_5 = 0$$

显然,基尔霍夫电压定律也是和沿闭合回路上元件的性质无关,因此,不论是线性电路还是非线性电路,它是普遍适用的。

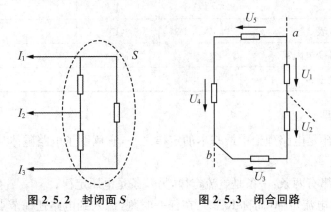

图 2.5.2 封闭面 S 图 2.5.3 闭合回路

四、实验内容及步骤

按照图 2.5.4 所示实验线路验证基尔霍夫两条定律。

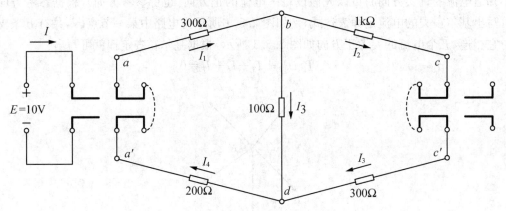

图 2.5.4 基尔霍夫两条定律验证电路图

图中 $E = 10$ V 为实验台上稳压电源输出电压,实验中调节好后保持不变,R_1、R_2、R_3、R_4、R_5 为固定电阻,精度 1.0 级。实验时各条支路电流及总电流用电流表测量,在接线时每条支路可串联连接一个电流表插口,测量电流时只要把电流表所连接的插头插入即可读数。但要注意插头连接时极性,插口一侧有红点标记是与插头红线对应。

表 2-5-1 电流定律实验结果

项　目＼支路电流	I	I_1	I_2	I_3	I_4
计算值					
测量值					

节点 相加	a	b	c	d
$\sum I$（计算值）				
$\sum I$（测量值）				
误差 ΔI				

表 2-5-2　电压定律实验结果

电压 项目	U_{ab}	U_{bc}	U_{cd}	$U_{da'}$	$U_{a'a}$	E
计算值						
测量值						

回路 相加	$abcc'da'a$	$abda'a$	$bcc'db$
$\sum U$（计算值）			
$\sum U$（测量值）			
误差 ΔU			

五、实验注意事项

1. 两路直流稳压源的电压值和电路端电压值均应以电压表测量的读数为准,电源表盘指示只作为显示仪表,不能作为测量仪表使用,恒压源输出以接负载后为准。

2. 谨防电压源两端碰线短路而损坏仪器。

3. 若用指针式电流表进行测量时,要识别电流插头所接电流表的"＋、－"极性。当电表指针出现反偏时,必须调换电流表极性重新测量,此时读得的电流值必须冠以负号。

六、预习思考题

1. 根据图 2.5.1 的电路参数,计算出待测的电流 I_1、I_2、I_3 和各电阻上的电压值,记入表中,以便实验测量时,可正确地选定毫安表和电压表的量程。

2. 若用指针式直流毫安表测各支路电流,在什么情况下可能出现指针反偏,应如何处理? 在记录数据时应注意什么? 若用直流数字毫安表进行测量时,则会有什么显示?

七、实验报告要求

1. 根据实验数据,选定实验电路中的任一个节点,验证 KCL 的正确性;选定任一个闭

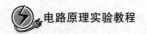

合回路,验证 KVL 的正确性。

2. 误差原因分析。

3. 本次实验的收获与体会。

2.6 电压源与电流源的等效转换

一、实验目的

1. 了解理想电流源与理想电压源的外特性。

2. 验证电压源与电流源互相进行等效转换的条件。

二、实验仪器及设备

序　号	仪器名称	规格(型号)	数　量	备　注
1	直流稳压电源		1	
2	直流电压表	ZVA-1	1	
3	直流电流表	ZVA-1	1	
4	大功率可变电阻箱		1	
5	电工实验平台		1	

三、实验原理

1. 在电工理论中,理想电源除理想电压源之外,还有另一种电源,即理想电流源,理想电流源在接上负载后,当负载电阻变化时,该电源供出的电流能维持不变,理想电压源接上负载后,当负载变化时其输出电压保持不变,它们的电路图符号及其特性如图 2.6.1 所示。

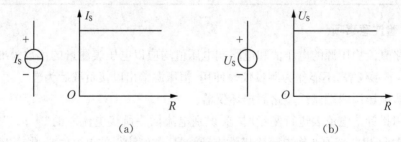

(a)　　　　　　　　　　　　　(b)

图 2.6.1　电路图符号及其特性

在工程实际上,绝对的理想电源是不存在的,但有一些电源其外特性与理想电源极为接近,因此,可以近似地将其视为理想电源。理想电压源与理想电流源是不能互相转换的。

2. 一个实际电源,就其外部特性而言,既可以看成是电压源,又可以看成是电流源。

电流源用一个理想电流源 I_S 与一电导 g_0 并联的组合来表示,电压源用一个理想电压源 E_S 与一电阻 r_0 串联组合来表示,它们向同样大小的负载供出同样大小的电流,而电源的端电压也相等,即电压源与其等效电流源有相同的外特性。

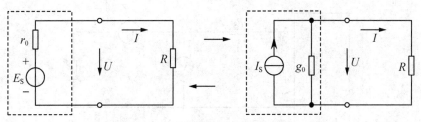

图 2.6.2　等效电压源、电流源转换

一个电压源与一个电流源相互进行等效转换的条件为：

$$I_S = \frac{E_S}{r_0}, g_0 = \frac{1}{r_0} \ \text{或} \ E_S = \frac{I_S}{g_0}, r_0 = \frac{1}{g_0}, r_0 = 1/g_0$$

四、实验内容及步骤

1. 测量理想电流源的外特性

本实验采用的是电流源,当负载电阻在一定的范围内变化时(即保持电流源两端电压不超出额定值),电流基本不变,即可将其视为理想电流源。

将一电阻箱 R 接至电流源的"输出"端钮上,测量电流用的毫安表串接于电路中,如图 2.6.3 所示。改变电阻箱电阻值,测出"输出"两端钮间电压,即得到外特性曲线。(图中 R_S 为限流电阻)

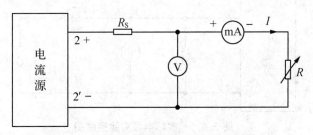

图 2.6.3　理想电流源的外特性实验电路图

实验时首先置 $R=0$,调节 I 至 20 mA,然后改变 R 测 I,但应使 $R_{MAX} \cdot I \leqslant 20$ V。

表 2-6-1　理想电流源外特性测量值

电阻 $R(\Omega)$									
电流 I(mA)									
电压 U(V)									

2. 测量理想电压源的外特性

当外接负载电阻在一定范围内变化时电源输出电压基本不变,可将其视为理想电压源,实验时不能使 $R=0$(短路),否则电流过大。

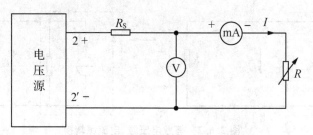

图 2.6.4　理想电压源的外特性实验电路图

表 2-6-2　理想电压源外特性测量值

电阻 $R(\Omega)$								
电流 $I(\mathrm{mA})$								
电压 $U(\mathrm{V})$								

3. 验证实际电压源与电流源等效转换的条件

在实验内容 1 中,已测得理想电流源的电流为 $I_\mathrm{S}=200\ \mathrm{mA}$,此时,若在其"输出"端钮间并联一电阻 r_0(即 $g_0=1/r_0$),例如,$200\ \Omega$,从而构成一个实际电流源,将该电流源接至负载 R—电阻箱,改变电阻箱的电阻值,即可测出该电流源的外特性,实验接线如图 2.6.5 所示。

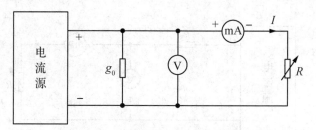

图 2.6.5　实际电源实验接线图

根据等效转换的条件,将电压源的输出电压调至 $E_\mathrm{S}=I_\mathrm{S}r_0$,并串接一个电阻 r_0,从而构成一个实际电压源,将该电压源接到负载 R—电阻箱,改变电阻箱的电阻值即可测出该电压源的外特性。在两种情况下负载电阻 R 相同值时可比较是否具有相同的电压与电流。

表 2-6-3　实际电源测量数据表格

电流源　$I_\mathrm{S}=$ 　　　　　　$g_0=$

电流 $I(\mathrm{mA})$								
电压 $U(\mathrm{V})$								
电阻 $R(\Omega)$								

电压源　$E_\mathrm{S}=$ 　　　　　　$r_0=$

电流 $I(\mathrm{mA})$								
电压 $U(\mathrm{V})$								
电阻 $R(\Omega)$								

五、实验注意事项

1. 在测电压源外特性时,不要忘记测空载时的电压值,改变负载电阻时,不可使电压源短路。

2. 在测电流源外特性时,不要忘记测短路时的电流值,改变负载电阻时,不可使电流源开路。

3. 换接线路时,必须关闭电源开关。

4. 直流仪表的接入应注意极性与量程。

六、预习思考题

1. 直流稳压电源的输出端为什么不允许短路? 直流恒流源的输出端为什么不允许开路?

2. 电压源与电流源的外特性为什么呈下降变化趋势,稳压源和恒流源的输出在任何负载下是否保持恒值?

七、实验报告要求

1. 根据实验数据绘出电源的四条外特性曲线,并总结、归纳各类电源的特性。

2. 根据实验结果,验证电源等效变换的条件。

3. 本次实验的收获与体会。

2.7　叠加原理

一、实验目的

1. 通过实验来验证线性电路中的叠加原理以及其适用范围。

2. 学习直流仪器仪表的测试方法。

二、实验仪器及设备

序　号	仪器名称	规格(型号)	数　量	备　　注
1	直流稳压电源		1	
2	直流电压表	ZVA-1	1	
3	直流电流表	ZVA-1	1	
4	大功率可变电阻箱		1	
5	电工实验平台		1	

三、实验原理

当几个电动势在某线性网络中共同作用时,也可以是几个电流源共同作用,或电动势和电流源混合共同作用,它们在电路中任一支路产生的电流或在任意两点间的所产生的电压降,等于这些电动势或电流源分别单独作用时,在该部分所产生的电流或电压降的代数和,这一结论称为线性电路的叠加原理,如果网络是非线性的,叠加原理则不适用。

本实验中,先使电压源和电流源分别单独作用,测量各点间的电压和各支路的电流,然后再使电压源和电流源共同作用,测量各点间的电压和各支路的电流,验证是否满足叠加原理。

四、实验内容及步骤

按图 2.7.1 接线,先不加 I_S,调节好 $E_1=10$ V,$E_2=5$ V。

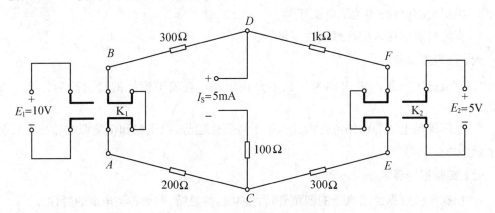

图 2.7.1 叠加原理实验电路图

K_1 接通电源,K_2 打向短路侧,测量各点电压,注意测量值的符号,数据列表。

K_2 接通电源,K_1 打向短路侧,重复实验测量。

K_1、K_2 都打向短路侧,I_S 输出经电流表接至电路＋及－端,并调节至 5 mA,重复实验测量。

在上一步骤测量完后将 K_1、K_2 都接至电源,重复测量,数据列表。

表 2-7-1 叠加原理实验数据

电压 \ 项目	U_{AC}	U_{CE}	U_{BD}	U_{DF}	U_{CD}
E_1 单独作用					
E_2 单独作用					
I_S 单独作用					
E_1,E_2,I_S 共同作用					
理论计算值					
绝对误差					
相对误差					
E_1 值		E_2 值		I_S 值	

五、实验注意事项

1. 用电流插头测量各支路电流时,应注意仪表的极性及数据表格中"＋、－"号的记录。

2. 正确选用仪表量程并注意及时更换。

3. 恒压源输出以接上负载后为准。

六、预习思考题

1. 叠加原理中 E_1、E_2 分别单独作用,在实验中应如何操作? 可否直接将不作用的电源(E_1 或 E_2)置零(短接)?

2. 实验电路中,若有一个电阻器改为二极管,试问叠加原理的叠加性与齐次性还成立吗? 为什么?

七、实验报告要求

1. 根据所测实验数据,归纳、总结实验结论,即验证线性电路的叠加性与齐次性。

2. 各电阻器所消耗的功率能否用叠加原理计算得出? 试用上述实验数据,进行计算并作结论。

3. 通过表 2-7-1 所测实验数据,你能得出什么样的结论?

4. 本次实验的收获与体会。

2.8　戴维宁定理与诺顿定理

一、实验目的

1. 用实验来验证戴维宁定理和诺顿定理。

2. 用实验来验证电压源与电流源相互进行等效转换的条件。

3. 进一步学习常用直流仪器仪表的使用方法。

二、实验仪器及设备

序　号	仪器名称	规格(型号)	数　量	备　注
1	直流稳压电源		1	
2	直流电压表	ZVA-1	1	
3	直流电流表	ZVA-1	1	
4	大功率可变电阻箱		1	
5	电工实验平台		1	

三、实验原理

任何一个线性网络,如果只研究其中的一个支路的电压和电流,则可将电路的其余部分看作一个含源一端口网络,而任何一个线性含源一端口网络对外部电路的作用,可用一个等效电压源来代替,该电压源的电动势 E_S 等于这个含源一端口网络的开路电压 U_{OC},其等效内阻 R_{eq} 等于这个含源一端口网络中各电源均为零时(电压源短接,电流源断开)无源一端口网络的入端电阻 R_{in},这个结论就是戴维宁定理。

如果用等效电流源来代替,其等效电流 I_S 等于这个含源一端口网络的短路电流 I_{SC} 其等效内电导等于这个含源一端口网络各电源均为零时无源一端口网络的入端电导,这个结论就是诺顿定理。

本实验用图 2.8.1 所示线性网络来验证以上两个定理。

四、实验内容及步骤

1. 按图 2.8.1 接线,改变负载电阻 R,测量出 U_{AB} 和 I_R 的数值,特别注意要测出 $R=\infty$ 及 $R=0$ 时的电压和电流。

表 2-8-1 改变负载后电路特性

$R(\Omega)$	0									∞
$U_{AB}(V)$										
$I_R(A)$										

2. 测量无源一端口网络的入端电阻

将电流源去掉(开路),电压源去掉,然后用一根导线代替它(短路),再将负载电阻开路,用伏安法或直接用万用表电阻档测量 AB 两点间的电阻 R_{AB},该电阻即为网络的入端电阻。

3. 调节电阻箱的电阻,使其等于 R_{AB},然后将稳压电源输出电压调到 U_{OC}(步骤 1 时所得的开路电压)与 R_{AB} 串联如图 2.8.1 所示,重复测量 U_{AB} 和 I_R 的关系曲线,并与步骤 1 所测得的数值进行比较,验证戴维宁定理。

表 2-8-2 验证戴维宁定理测量数据

$R(\Omega)$	0									∞
$U_{AB}(V)$										
$I_R(A)$										

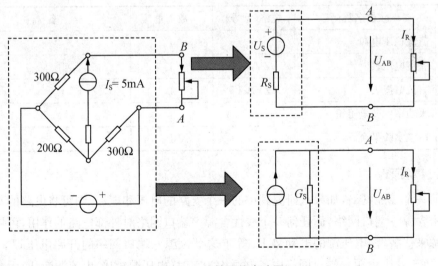

图 2.8.1 线性网络电路图

4. 验证诺顿定理

用一电流源,其大小为实验步骤 1 中 R 短路的电流与一等效电导 $G_{eq}=1/R_{eq}$ 并联后组成的实际电流源,接上负载电阻,重复步骤 1 的测量,与步骤 1 所测得的数值进行比较,是否符合诺顿定理。

表 2-8-3 验证诺顿定理测量数据

$R(\Omega)$	0							∞	
$U_{AB}(V)$									
$I_R(mA)$									

五、实验注意事项

1. 测量电流时要注意电流表量程的选取,为使测量准确,电压表量程不应频繁更换。

2. 实验中,电源置零时不可将稳压源短接。

3. 用万用表直接测 R_0 时,网络内的独立源必须先去掉,以免损坏万用表。

4. 改接线路时,要关掉电源。

六、预习思考题

1. 在求戴维宁等效电路时,测短路电流 I_{sc} 的条件是什么? 在本实验中可否直接做负载短路实验? 请在实验前对线路预先做好计算,以便调整实验线路及测量时可准确地选取电表的量程。

2. 总结测有源二端网络开路电压及等效内阻的几种方法,并比较其优缺点。

七、实验报告要求

1. 根据步骤 2 和 3,分别绘出曲线,验证戴维宁定理和诺顿定理的正确性,并分析产生误差的原因。

2. 根据实验步骤中各种方法测得的 U_{OC} 与 R_0 与预习时电路计算的结果作比较,你能得出什么结论?

3. 归纳、总结实验结果。

2.9 网络等效变换

一、实验目的

1. 熟悉 T 形和 π 形网络等效变换的意义和方法。

2. 实验证明变换网络的等效性。

3. 学习等效网络的测试方法。

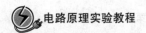

二、实验仪器及设备

序　号	仪器名称	规格(型号)	数　量	备　注
1	直流稳压电源		1	
2	直流电压表	ZVA-1	1	
3	直流电流表	ZVA-1	1	
4	大功率可变电阻箱		1	
5	电工实验平台		1	

三、实验原理

在许多场合下广泛应用具有三个独立参数的网络,这种网络中最常用的是 T 形网络和 π 形网络(有时也称 Y 和△网络),例如任意一个具有输入端口和输出端口的复杂无源网络,都可以用一个 T 形或 π 形网络来等效代替。而 T 形和 π 形网络相互间也可互相转换等效代替。这种等效变换往往可以简化电路结构,并且 T 形和 π 形网络转换并不影响网络其余未经变换部分的电压和电流。

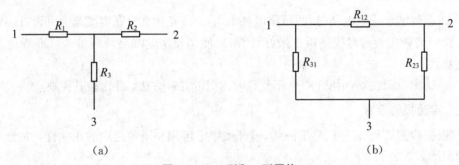

图 2.9.1　T 形和 π 形网络

T 形和 π 形网络等效互换的条件是变换前后网络的外特性不变,这就是说,如果我们在这两种网络相对应的端钮上分别施加相同的电流 I_1 和 I_2,则各对应端钮间的电压 U_{13} 和 U_{23} 应该相等,如图 2.9.2 所示。

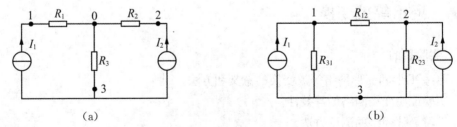

图 2.9.2　T 形和 π 形网络

对 T 形网络来说

$$U_{13} = R_1 I_1 + R_3 (I_1 + I_2)$$
$$U_{23} = R_2 I_2 + R_3 (I_1 + I_2)$$

即
$$U_{13} = (R_1 + R_3)I_1 + R_3 I_2$$
$$U_{23} = R_3 I_1 + (R_2 + R_3)I_2$$

对 π 形网络来说,把图中电流源与电阻并联的实际电流源可等效转换成电压源与电阻串联的实际电压源。这样便可求得

$$I_0 = \frac{R_{31}I_1 - R_{23}I_2}{R_{12} + R_{23} + R_{31}}$$

以及
$$U_{13} = R_{31}I_1 - R_{31}I_0$$
$$U_{23} = R_{23}I_0 + R_{23}I_2$$

由此可得

$$U_{13} = \frac{R_{31}(R_{12} + R_{23})}{R_{12} + R_{23} + R_{31}}I_1 + \frac{R_{23}R_{31}}{R_{12} + R_{23} + R_{31}}I_2$$

$$U_{23} = \frac{R_{23}R_{31}}{R_{12} + R_{23} + R_{31}}I_1 + \frac{R_{23}(R_{12} + R_{32})}{R_{12} + R_{23} + R_{31}}I_2$$

这两式和 T 形网络得出的两式中 I_1 和 I_2 前面对应的系数应分别相等,所以可得下列等式

$$R_1 + R_3 = \frac{R_{31}(R_{12} + R_{23})}{R_{12} + R_{23} + R_{31}}$$

$$R_3 = \frac{R_{23}R_{31}}{R_{12} + R_{23} + R_{31}}$$

$$R_2 + R_3 = \frac{R_{23}(R_{12} + R_{31})}{R_{12} + R_{23} + R_{31}}$$

以上三式可得

$$R_1 = \frac{R_{12}R_{31}}{R_{12} + R_{23} + R_{31}}$$

$$R_2 = \frac{R_{12}R_{23}}{R_{12} + R_{23} + R_{31}}$$

$$R_3 = \frac{R_{23}R_{31}}{R_{12} + R_{23} + R_{31}}$$

上述就是 π 形网络变换为等效 T 形网络参数的公式。同样,也可解得

$$R_{12} = \frac{R_1 R_2 + R_2 R_3 + R_3 R_1}{R_3}$$

$$R_{23} = \frac{R_1 R_2 + R_2 R_3 + R_3 R_1}{R_1}$$

$$R_{31} = \frac{R_1 R_2 + R_2 R_3 + R_3 R_1}{R_2}$$

这是 T 形网络变换为 π 形网络参数的公式。

四、实验内容及步骤

按图 2.9.3 所示实验线路中 T 形网络的参数计算出等效 π 形网络的参数,并对两个网络的外特性分别进行测量比较验证它们的等效性质。

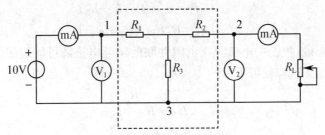

图 2.9.3　T 形网络实验线路

1. 实验时调节电压源输出电压为 10 V 保持不变,改变电阻 R_L 的值,并记录 V_1、V_2、I_1、I_2。

2. 将根据 T 形网络参数计算出的 π 形网络参数代替 T 形网络,重测 V_1、V_2、I_1、I_2。

3. 实验中可利用 D02 直流电流路元件板中 A、B 两个网络进行测试,A、B 两网络的内部结构如图 2.9.4 所示。

表 2-9-1　实验结果记录表

	测量内容 R_L(Ω)	0	50	100	200	300	500	1 k	2 k	5 k	∞
T 形网络	I_1(mA)										
	I_2(mA)										
	V_1(V)										
	V_2(V)										
π 形网络	I_1(mA)										
	I_2(mA)										
	V_1(V)										
	V_2(V)										

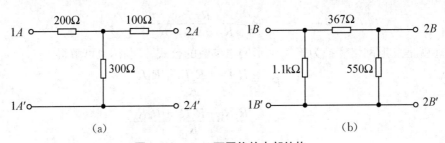

图 2.9.4　A、B 两网络的内部结构

电阻精度 1.0 级,功率每只 4 W。

五、实验注意事项

1. 换接线路时,必须关闭电源开关。

2. 直流仪表的接入应注意极性与量程。

3. 注意等效是对外等效,对内不等效,在实验数据测量时,测量外电路参数。

六、预习思考题

1. 在上述实验线路中固定 R_L 而改变 U_S 为不同值或者将网络两端对调后测试是否也能验证互换等效性。

2. T 形电阻网络与 π 形电阻网络相互等效时,各电阻值的计算。

七、实验报告要求

1. 完成实验测试,数据列表。

2. 从实验测试中比较分析 T 形和 π 形网络转换的等效性。

2.10 最大功率传输条件的实验研究

一、实验目的

1. 了解电源与负载间功率传输的关系。

2. 熟悉负载获得最大功率传输的条件与应用。

3. 实验证明最大功率传输时电源内阻与负载电阻数值的关系。

4. 熟悉测试方法。

二、实验仪器及设备

序　号	仪器名称	规格(型号)	数　量	备　注
1	直流稳压电源		1	
2	直流电压表	ZVA-1	1	
3	直流电流表	ZVA-1	1	
4	大功率可变电阻箱		1	
5	电工实验平台		1	

三、实验原理

一个实际的电源,它产生的总功率通常由两部分组成,即电源内阻所消耗的功率和输出到负载上的功率。在电子技术与仪器仪表领域中,通常由于信号电源的功率较小,所以总是希望在负载上能获得的功率越大越好,这样可以最有效地利用能量。但由于电源总是存在内电阻,其等效电路为一个无内阻的电动势与一个电阻串联构成的二端有源网络。如图 2.10.1 所示左边框内为电源等效电路,右边框内为负载电阻。

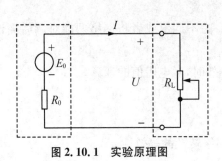

图 2.10.1　实验原理图　　　　图 2.10.2　最大的功率曲线图

在 R_L 上得到的功率为

$$P_L = I^2 R_L = \left(\frac{E_0}{R_0 + R_L}\right)^2 R_L$$

当 $R_L = 0$ 及 $R_L = \infty$ 时,电源传输给负载的功率均为零,因此 R_L 必有某一值使 $P = P_{max}$ 为最大值。以不同的 R_L 值代入上式可求出不同的 P 值。可以证明只有当 $R_L = R_0$ 时负载上才能得到最大的功率如图 2.10.2 所示。

图中 I_S 为当 $R_L = 0$ 时的最大电流:$I_S = E_0/R_0$,事实上只要将负载功率表达式中以 R_L 为自变量,功率 P 为应变量并使 dP/dR_L 等于 0,即可求出最大功率的条件:

$$\frac{dP}{dR_L} = 0,即 \frac{dP}{dR_L} = \frac{(R_0 + R_L)^2 - 2R_L(R_L + R_0)}{(R_0 + R_L)^4}$$

使 $(R_0 + R_L)^2 - 2R_L(R_L + R_0) = 0$,得 $R_L = R_0$

当满足 $R_L = R_0$ 时,电路称为最大功率"匹配",此时负载上最大功率为:$P = P_{max} = \frac{1}{4}\frac{U^2}{R_0}$

当然,在"匹配"条件下,电源内阻上也消耗与负载电阻上相等的功率,因此,这时电源效率仅为 50%。在电力工程中因为发电机内阻很低,运用到"匹配"条件时功率大大超过容许值会损坏发电机,所以负载电阻应远大于电源内阻,这样也可保持较高效率。但在电子技术领域中因一般信号源内阻都较大,功率也小,所以效率是次要的,主要的是获得最大输出功率。

四、实验内容及步骤

测量实验台上直流稳压电源在不同外加电阻时负载上获得的功率。因电源的内阻较小,为限制电流,实验时采用外加电阻作为电源内阻。实验线路如图 2.10.3 所示。

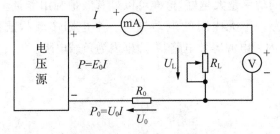

图 2.10.3　实验线路图

1. 调节 $R_0 = 100\ \Omega$,$E_0 = 10\ V$,R_L 在 0～1 kΩ 范围内变化时分别测量出 U_0、U_L、I 的

值,数据列表。

2. 调节 $R_0 = 500 \ \Omega, E_0 = 15 \ \text{V}, R_L$ 在 $0 \sim 5 \ \text{k}\Omega$ 范围内变化时分别测量出 U_0、U_L、I 的值,数据列表。

表 2-10-1　实验结果

		0	10 Ω	20 Ω	30 Ω	30 Ω	100 Ω	300 Ω	500 Ω	1 kΩ	5 kΩ	10 kΩ
$E_0 = 10 \ \text{V}$ $R_0 = 100 \ \Omega$	I											
	U_0											
	U_L											
	P											
	P_0											
	P_L											
$E_0 = 15 \ \text{V}$ $R_0 = 500 \ \Omega$	I											
	U_0											
	U_L											
	P											
	P_0											
	P_L											

五、实验注意事项

1. 测量电流时要注意电流表量程的选取,为使测量准确,电压表量程不应频繁更换。

2. 改接线路时,要关掉电源。

六、预习思考题

1. 在上述实验线路中固定 R_L 而改变 U_S 为不同值或者将网络两端对调后测试是否也能验证互换等效性。

2. 当负载获得最大功率时,其传输效率是否最大?

七、实验报告要求

1. 分别画出 $R_0 = 100 \ \Omega, E_0 = 10 \ \text{V}, R_0 = 500 \ \Omega, E_0 = 15 \ \text{V}$,两种不同电压和内阻情况下的下列关系曲线:

$I - R_L$

$U_0 - R_L$

$U_L - R_L$

$P - R_L$

2. 从上述图表数据中说明负载获得最大功率的条件。

3. 回答预习思考题。

4. 总结实验心得体会。

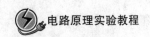

2.11 VCCS 及 CCVS 受控电源的实验研究

一、实验目的

1. 熟悉四种受控电源的基本特性。
2. 掌握受控源转移参数的测试方法。

二、实验仪器及设备

序　号	仪器名称	规格(型号)	数　量	备　注
1	直流稳压电源		1	
2	直流电压表	ZVA-1	1	
3	直流电流表	ZVA-1	1	
4	大功率可变电阻箱		1	
5	电工实验平台		1	

三、实验原理

电源可分为独立电源(如干电池、发电机等)与非独立电源(或称受控源)两种。受控源在网络分析中已经成为一个与电阻、电感、电容等无源元件同样经常遇到的电路元件。受控源与独立电源不同,独立电源的电动势或电激流是某一固定数值或某一时间函数,不随电路其余部分的状态而改变,且理想独立电压源的电压不随其输出电流而改变,理想独立电流源的输出电流与其端电压无关,独立电源作为电路的输入,它代表了外界对电路的作用,受控电源的电动势或电激流则随网络中另一支路的电流或电压而变化,它表示了电子器件中所发生的物理现象的一种模型。受控源又与无源元件不同,无源无件的电压和它自身的电流有一定的函数关系,而受控源的电压或电流则和另一支路(或元件)的电流或电压有某种函数关系。当受控源的电压(或电流)与控制元件的电压(或电流)成正比变化时,该受控源是线性的,理想受控源的控制支路中只有一个独立变量(电压或电流),另一个独立变量等于零,即从入口看,理想受控源或者是短路,即输入电阻 $R_1 = 0$,因而 $V_1 = 0$,或者是开路,即输入电导 $G_1 = 0$ 因而输入电流 $I_1 = 0$。从出口看,理想受控源或者是一理想电流源或者是一理想电压源。受控源有两对端钮,一对输出端钮,一对输入端钮,输入端用来控制输出端电压或电流大小,施加于输入端的控制量可以是电压或是电流,因此,有两种受控电压源即电压控制电压源 VCVS,电流控制电压源 CCVS,同样,受控电流源也有两种即电压控制电流源 VCCS 及电流控制电流源 CCCS。

受控源的控制端与受控端的关系式称转移函数,四种受控源的转移函数参量分别用 α、g_m、μ、r_m 表示,它们的定义如下:

(1) CCCS: $\alpha = i_2/i_1$ 转移电流比(或电流增益);

(2) VCCS: $g_m = i_2/u_1$ 转移电导;

(3) VCVS: $\mu = u_2/u_1$ 转移电压比(或电压增益);

（4）CCVS：$r_m = u_2/i_1$ 转移电阻。

四、实验内容及步骤

1. CCVS 的伏安特性及转移电阻 r_m 的测试

（1）实验线路如图 2.11.1 所示

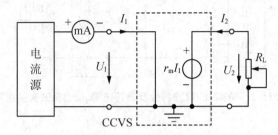

图 2.11.1　CCVS 的伏安特性及转移电阻 r_m 的测试实验线路图

（2）实验方法

按图 2.11.1 接线，接通电源。调节稳流电源输出电流使 $I_1 = \pm 5$ mA 或 $I_1 = -5$ mA，然后改变 R_L 为不同值时测量出 U_1、I_1、U_2、I_2 所测数据列表，并绘 CCVS 制的外部特性曲线 $U_2 = f(I_2)$。

为使 CCVS 能正常工作应使 $I_2 < \pm 5$ mA，$U_2 < \pm 5$ V 及 $R_L > 1$ kΩ。

测量电流时可用电压表测量电阻上压降再根据欧姆定理求得电流，或直接串入电流表测量。

表 2-11-1　CCVS 改变 R_L 的测量数据

$U_1 = \underline{\hspace{2cm}}$ V　$I_1 = 5$ mA

R_L(kΩ)	1	2	3	4	5	6	7	8	9	10	∞
U_2(V)											
I_2(mA)											

固定 $R_L = 1$ kΩ，改变稳流电源输出电流 I 为正负不同数值时分别测量 U_1、I_1、U_2、I_2，所测数据列表，并计算转移电阻 r_m 及绘制输入伏安特性 $U = f(I_1)$ 与转移特性 $U_2 = f(I_1)$。

表 2-11-2　改变稳流电源输出电流 I 的测量数据

I_1(mA)	U_1(V)	U_2(V)	I_1(mA)	$R_m = U_2/I_1$(Ω)	R_L(Ω)
5					
2					
1					
−1					
−2					
−5					

$$\bar{r}_m = \sum_{n=1}^{n} r_{mn}/n$$

2. VCCS 的伏安特性及转移电导 g_m 的测试

(1) 实验线路如图 2.11.2 所示

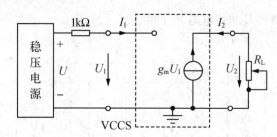

图 2.11.2 VCCS 的伏安特性及转移电导 g_m 的测试实验线路图

(2) 实验方法

①按图接线,接通 VCCS 电源。

②调节稳压电源输出电压;使 $U_1 = 5$ V 或 $U_1 = -5$ V,改变 R_1 为不同值时测量出 U_1、I_1、U_2、I_2,所测数据列表,并绘制 VCCS 的外部特性曲线 $I_2 = f(U_2)$。为使 VCCS 正常工作应使 U_1(或 U_2)在 ± 5 V 以内,I_1(或 I_2)在 ± 5 mA 以内,$R_L < 1$ kΩ。

表 2-11-3 VCCS 改变 R_L 的测量数据

$U = $ _____ V $U_1 = $ _____ V $I_1 = $ _____ mA

$R_L(\Omega)$	1 000	900	800	700	600	500	400	300	200	100
$U_2(V)$										
$I_2(mA)$										

③固定 $R_L = 1$ kΩ,改变稳压电源输出电压 U 为正负不同数值时分别测量 U_1、I_1、U_2、I_2,测试数据列表计算转移电导,绘制 VCCS 的输入伏安特性曲线 $U_1 = f(I_1)$ 及转移特性曲线 $I_2 = f(U_1)$。

$$\overline{g_m} = \sum_{n=1}^{n} g_{mn}/n$$

表 2-11-4 VCCS 改变稳压电源输出电压的测量数据

$I_1(mA)$	$U_1(V)$	$U_2(V)$	$I_2(mA)$	$g_m = I_2/U_1(S)$	$R_L(\Omega)$
5					1 000
2					1 000
1					1 000
−1					1 000
−2					1 000
−5					1 000

五、实验注意事项

1. 在实验中作受控源的运算放大器正常工作时,除了在输入端提供输入信号(控制量)

以外,还需要接通静态工作电源。每次换接线路,必须事先断开供电电源。

2. 在实验中作受源的运算放大器,输入端电压、电流不能超过额定值;受控电压源的输出不能短路,受控电流源的输出不能开路。

六、预习思考题

1. 受控源和独立源相比有何异同点? 受控源和无源电阻元件相比有何异同点?

2. 四种受控源中的 α、g_m、μ、r_m 的意义是什么? 如何测得?

3. 若受控源控制量的极性反向,试问其输出极性是否发生变化?

4. 受控源的控制特性是否适合于交流信号?

七、实验报告要求

1. 根据实验数据,在坐标纸上分别绘出四种受控源的转移特性曲线和负载特性曲线,并求出相应的转移参量。

2. 对预习思考题作必要的回答。

3. 对实验的结果作出合理地分析和结论,总结对四种受控源的认识和理解。

4. 本次实验的心得体会及其他。

2.12　VCVS 及 CCCS 受控源实验研究

一、实验目的

1. 熟悉四种受控电源的基本特性。

2. 掌握受控源转移参数的测试方法。

二、实验仪器及设备

序　号	仪器名称	规格(型号)	数　量	备　注
1	直流稳压电源		1	
2	直流电压表	ZVA-1	1	
3	直流电流表	ZVA-1	1	
4	大功率可变电阻箱		1	
5	电工实验平台		1	

三、实验原理

1. CCCS 的伏安特性及电流增益系数 α 的测试

CCCS 的传输矩阵为:(理想受控源)

$$A=\begin{bmatrix} 0 & 0 \\ 0 & -1/\alpha \end{bmatrix}$$

CCVS 与 VCCS 级联后合成传输矩阵为:

$$A=\begin{bmatrix} 0 & 0 \\ 1/r_m & 0 \end{bmatrix}\begin{bmatrix} 0 & -1/g_m \\ 0 & 0 \end{bmatrix}=\begin{bmatrix} 0 & 0 \\ 0 & -1/r_m g_m \end{bmatrix}$$

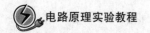

比较上面两式可得：

$\alpha = r_m g_m$

2. VCVS 的伏安特性及电压增益系数 μ 的测试

VCVS 的传输矩阵为：（理想受控源）

$$A = \begin{bmatrix} 1/\mu & 0 \\ 0 & 0 \end{bmatrix}$$

VCCS 与 CCVS 级联后合成传输矩阵为：

$$A = \begin{bmatrix} 0 & -1/g_m \\ 0 & 0 \end{bmatrix} \begin{bmatrix} 0 & 0 \\ 1/r_m & 0 \end{bmatrix} = \begin{bmatrix} -1/g_m r_m & 0 \\ 0 & 0 \end{bmatrix}$$

比较上面两式可得：

$\mu = -g_m r_m$

四、实验内容及步骤

1. CCCS 的伏安特性及电流增益系数 α 的测试

（1）实验线路如图 2.12.1 所示

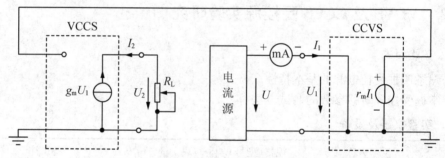

图 2.12.1　实验线路图

（2）实验方法

①将面板上 CCCS 的输出端与 VCCS 的输入端连接起来，公共端地线已在内部连通，接通电源开关。

②调节稳压电源输出电压使 $I_1 = \pm 5$ mA 或 $I_1 = -5$ mA，在 $0 \sim k\Omega$ 范围内改变 R_L 为不同值时，测量 U_1、I_1、U_2、I_2。测试数据列表，并绘制 CCCS 的外部特性曲线 $U_2 = f(I_2)$。

表 2-12-1　CCCS 改变 R_L 的测量数据

	$U_2 = $＿＿＿＿ V $I_1 = $＿＿＿＿ mA									
$R_L(\Omega)$	1 000	900	800	700	600	500	400	300	200	100
$U_2(V)$										
$I_2(mA)$										

③固定 $R_L = 1$ kΩ，改变稳压输出电压 U 为正负不同值时分别测量 U_1、I_1、U_2、I_2，测试数据列表计算电流增益系数，并绘制 CCCS 输入伏安特性曲线 $U_1 = f(I_1)$ 及转移特性曲线

$I_2 = f(U_1)$。

表 2-12-2　CCCS 改变稳压输出电压 U 的测量数据

$U(V)$	$U_1(V)$	$I_1(mA)$	$U_2(V)$	$I_2(mA)$	$\alpha = I_2/I_1$	$\alpha' = g_m\gamma_m$	$R_L(\Omega)$
5							1 000
−2							1 000
1							1 000
−1							1 000
−2							1 000
−5							1 000

$$\alpha = \sum_{n=1}^{n} \frac{a_n}{n}$$

2. VCVS 的伏安特性及电压增益系数 μ 的测试

（1）实验线路如图 2.12.2 所示

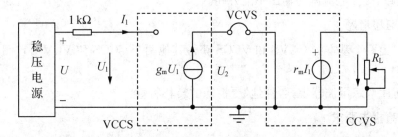

图 2.12.2　VCVS 的伏安特性及电压增益系数 μ 的测试实验电路图

（2）实验方法

①将面板上 VCCS 的输出端与 CCVS 的输入端连接。公共端地线已在内部接通，接通电源开关。

②调节稳压电源输出电压，使 $U_1 = +5$ V 或 $U_1 = -5$ V，在 1 kΩ−∞ 范围内改变 R_L 为不同值时，测量 U_1、I_1、U_2、I_2。测试数据列表，并绘制 VCVS 的外部特性曲线 $U_2 = f(I_2)$。

表 2-12-3　VCVS 改变 R_L 的测量数据

$U=_____$V　　$U_1=_____$V　　$I_1=_____$mA

$R_L(k\Omega)$	1	2	3	4	5	6	7	8	9	10	∞
$U_2(V)$											
$I_2(mA)$											

③固定 $R_L = 1$ kΩ，改变稳压输出电压 U 为正负不同值时分别测量 U_1、I_1、U_2、I_2，测试数据列表计算电流增益系数 μ，并绘制输入伏安特性 $U_1 = f(I_1)$ 及转移特性 $I_2 = f(U_1)$。

表 2-12-4　VCVS 改变稳压电源输出电压 U 的测量数据

$U(\text{V})$	$U_1(\text{V})$	$I_1(\text{mA})$	$U_2(\text{V})$	$I_2(\text{mA})$	$\mu=U_2/U_1$	$\mu'=g_m\gamma_m$
5						
2						
1						
-1						
-2						
-5						

五、实验注意事项

1. 在实验中作受控源的运算放大器正常工作时,除了在输入端提供输入信号(控制量)以外,还需要接通静态工作电源。每次换接线路,必须事先断开供电电源。

2. 在实验中作受控源的运算放大器,输入端电压、电流不能超过额定值;受控电压源的输出不能短路,受控电流源的输出不能开路。

六、预习思考题

1. 如何由两个基本的 CCVS 和 VCCS 获得其他两个 CCCS 和 VCVS,它们的输入和输出如何连接?

2. 如何用双踪示波器观察"浮地"受控源的转移特性?

七、实验报告要求

1. 根据实验数据,在坐标纸上分别绘出四种受控源的转移特性曲线和负载特性曲线,并求出相应的转移参量。

2. 对预习思考题作必要的回答。

3. 对实验的结果作出合理地分析和结论,总结对四种受控源的认识和理解。

4. 本次实验的心得体会及其他。

2.13　线性无源二端口网络的研究

一、实验目的

1. 学习测试二端口网络参数的方法。

2. 通过实验来研究二端口网络的特性及其等值电路。

二、实验仪器及设备

序　号	仪器名称	规格(型号)	数　量	备　注
1	直流稳压电源		1	
2	直流电压表	ZVA-1	1	
3	直流电流表	ZVA-1	1	
4	大功率可变电阻箱		1	
5	电工实验平台		1	

三、实验原理

1. 二端口网络是电工技术中广泛使用的一种电路形式。网络本身的结构可以是简单的,也可能是极复杂的,但就二端口网络的外部性能来说,一个很重要的问题是要找出它的两个端口(通常也就是称为输入端和输出端)处的电压和电流之间的相互关系,这种相互关系可以由网络本身结构所决定的一些参数来表示。不管网络如何复杂,总可以通过实验的方法来得到这些参数,从而可以很方便地来比较不同的二端口网络在传递电能和信号方面的性能,以便评价它们的质量。

2. 由图 2.13.1 分析可知二端口网络的基本方程是:

$$U_1 = A_{11}U_2 - A_{12}I_2$$
$$I_1 = A_{21}U_2 - A_{22}I_2$$

式中 A_{11}、A_{12}、A_{21}、A_{22} 称为二端口网络的传输参数。其数值的大小决定于网络本身的元件及结构。这些参数可以表征网络的全部特性。它们的物理概念可分别用以下的式子来说明:

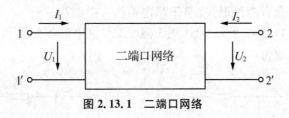

图 2.13.1　二端口网络

输出端开路:

$$A_{11} = \frac{U_{1O}}{U_{2O}}\bigg|_{I_2=0} \qquad A_{21} = \frac{I_{1O}}{U_{2O}}\bigg|_{I_2=0}$$

输出端短路:

$$A_{12} = \frac{U_{1S}}{-I_{2S}}\bigg|_{U_2=0} \qquad A_{22} = \frac{I_{1S}}{-I_{2S}}\bigg|_{U_2=0}$$

可见 A_{11} 是两个电压比值,是一个无量纲的量,A_{12} 是短路转移阻抗,A_{21} 是开路转移导纳,A_{22} 是两个电流的比值,也是无量纲的。A_{11}、A_{12}、A_{21}、A_{22} 四个参数中也只有三个是独立的,因为这个参数间具有如下关系:

$$A_{11} \cdot A_{22} - A_{12} \cdot A_{21} = 1$$

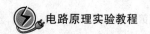

如果是对称的二端口网络,则有:$A_{11}=A_{22}$。

3. 由上述二端口网络的基本方程组可以看出,如果在输入端 $1-1'$ 接以电源,而输出端 $2-2'$ 处于开路和短路两种状态时,分别测出 U_{1O}、U_{2O}、I_{1O}、U_{1S}、I_{1S} 及 I_{2S} 则就可得出上述四个参数。但这种方法实验测试时需要在网络两端,即输入端和输出端同时进行测量电压和电流,这在某些实际情况下是不方便的。

在一般情况下,我们常用在二端口网络的输入端及输出端分别进行测量的方法来测定这四个常数,把二端口网络的 $1-1'$ 端接以电源,在 $2-2'$ 端开路与短路的情况下,分别得到开路阻抗和短路阻抗。

$$R_{O1}=\frac{U_{1O}}{I_{1O}}\bigg|_{I_{2O}=0}=\frac{A_{11}}{A_{21}}, R_{S1}==\frac{U_{1S}}{I_{1S}}\bigg|_{U_{2S}=0}=\frac{A_{12}}{A_{22}}$$

再将电源接至 $2-2'$ 端,在 $1-1'$ 端开路和短路的情况下,又可得到:

$$R_{O1}=\frac{U_{2O}}{I_{2O}}\bigg|_{I_{1O}=0}=\frac{A_{11}}{A_{21}}, R_{S1}==\frac{U_{2S}}{I_{2S}}\bigg|_{U_{1S}=0}=\frac{A_{12}}{A_{22}}$$

同时由上四式可见:

$$\frac{R_{O1}}{R_{O2}}=\frac{R_{S1}}{R_{S1}}=\frac{A_{11}}{A_{22}}$$

因此 R_{O1}、R_{O2}、R_{S1}、R_{S2} 中只有三个独立变量,如果是对称二端口网络就只有二个独立变量,此时

$$R_{O1}=R_{O2}, R_{S1}=R_{S2}$$

如果由实验已经求得开路和短路阻抗则很方便地算出二端口网络的 A 参数。

4. 由上所述,无源二端口网络的外特性既然可以用三个参数来确定。那么只要找到一个由具有三个不同阻抗(或导纳)所组成的一个简单二端口网络。如果后者的参数与前者分别相同,则就可认为该两个二端口网络的外特性是完全相同了。由三个独立阻抗(或导纳)所组成的二端口网络只有两种形式,即 T 形电路和 π 形电路。

如果给定了二端口网络的 A 参数,则无源二端口网络的 T 形等值电路及 π 形等值电路的三个参数可由下式求得:

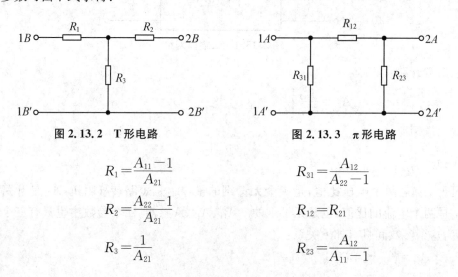

图 2.13.2　T 形电路　　　　　　　图 2.13.3　π 形电路

$$R_1=\frac{A_{11}-1}{A_{21}} \qquad\qquad R_{31}=\frac{A_{12}}{A_{22}-1}$$

$$R_2=\frac{A_{22}-1}{A_{21}} \qquad\qquad R_{12}=R_{21}$$

$$R_3=\frac{1}{A_{21}} \qquad\qquad R_{23}=\frac{A_{12}}{A_{11}-1}$$

实验台 D02 板上提供的两个双口网络是等价的,其参数如下:

$R_1=200\ \Omega, R_2=100\ \Omega, R_3=300\ \Omega, R_{31}=1.1\ \mathrm{k}\Omega, R_{12}=367\ \Omega, R_{23}=550\ \Omega$,精度全为 1.0 级,功率每只 4 W。

四、实验内容及步骤

1. 按图 2.13.4 接好线路,固定 $U_1=E=5$ V,测量并记录 $2-2'$ 端开路时及 $2-2'$ 端短路时的各参数,记入表 2-13-1。

表 2-13-1　$E=5$ V 测量数据

	$U_{1\mathrm{O}}$	$U_{2\mathrm{O}}$	$I_{1\mathrm{O}}$	$I_{2\mathrm{O}}$	A_{11}	A_{21}	R_{O1}
$2-2'$开路				0			
	$U_{1\mathrm{S}}$	$U_{2\mathrm{S}}$	$I_{1\mathrm{S}}$	$I_{2\mathrm{S}}$	A_{12}	A_{22}	R_{S1}
$2-2'$短路		0					

图 2.13.4　二端口网络实验电路图

2. 由第一步测得的结果,计算出 A_{11}、A_{12}、A_{21}、A_{22}。并验证 $A_{11}\cdot A_{22}-A_{12}\cdot A_{21}=1$,然后计算等值 T 形电路的各电阻值。

3. 图 2.13.4 中换成 A 网络。在 $1-1'$ 端加电压 $U_1=5$ V,测量该等值电路的外特性,数据记入表 2-13-2,并与步骤 1 相比较。

表 2-13-2　$E=\underline{\hphantom{000}}$ V 测量数据

	$U_{1\mathrm{O}}$	$U_{2\mathrm{O}}$	$I_{1\mathrm{O}}$	$I_{2\mathrm{O}}$	A_{11}	A_{21}	R_{O1}
$2-2'$开路				0			
	$U_{1\mathrm{S}}$	$U_{2\mathrm{S}}$	$I_{1\mathrm{S}}$	$I_{2\mathrm{S}}$	A_{12}	A_{22}	R_{S1}
$2-2'$短路		0					

4. 将电源移至 $2-2'$ 端,固定 $U_2=5$ V。测量并记录 $1-1'$ 端开路时及 $1-1'$ 端短路时各参数,计算出 R_{O1}、R_{O2} 及 R_{S1}、R_{S2} 记入表 2-13-3。并验证 $\dfrac{R_{\mathrm{O1}}}{R_{\mathrm{O2}}}=\dfrac{R_{\mathrm{S1}}}{R_{\mathrm{S2}}}$,并由此算出 A_{11}、A_{12}、A_{21}、A_{22} 记入表 2-13-4。与步骤 2 所得结果相比较。

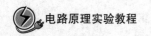

表 2-13-3　$E=$＿＿＿＿ V 测量数据

1—1'开路	U_{1O}	U_{2O}	I_{1O}	I_{2O}	R_{O2}
			0		
1—1'短路	U_{1S}	U_{2S}	I_{1S}	I_{2S}	R_{S2}
	0				

表 2-13-4　计算数据

R_{O1}	R_{O2}	R_{S1}	R_{S2}	R_{O1}/R_{O2}	R_{S1}/R_{S2}	A_{11}	A_{12}	A_{21}	A_{22}

五、实验注意事项

1. 用电流插头插座测量电流时,要注意判别电流表的极性及选取合适的量程(根据所给的电路参数,估算电流表量程)。

2. 两个双口网络级联时,应将一个双口网络Ⅰ的输出端与另一个双口网络Ⅱ的输入端连接。

3. 电流插头与插孔的接触要良好,否则会影响测试结果。

六、预习思考题

1. 试述双口网络同时测量法、混合测量法及分别测量法的测量步骤、优缺点及其适用情况。

2. 本实验方法可否用于交流双口网络的测定?

3. 互易双口网络的互易条件是什么? 对称互易双口网络的对称条件是什么?

七、实验报告要求

1. 完成对数据表格的测量和计算任务,注意有效位数的取舍给计算带来的误差。

2. 根据所求参数,分别列写三个网络的 T 参数方程和 H 参数方程。

3. 验证级联后等效双口网络的传输参数与级联的两个双口网络传输参数之间的关系。

4. 由测得的参数判别本实验网络是否是互易网络和对称网络。

5. 总结、归纳双口网络的测试技术。

2.14　*RL* 及 *RC* 串联电路中相量轨迹图的研究

一、实验目的

1. 加深交流电路中 R,L,C 元件相量特性的理解。

2. 掌握 *RL* 及 *RC* 串联电路中电压相量之间的关系。

3. 熟悉 *RC* 串联电路作为移相器的应用以及 *RC* 参数与相移角之间的关系。

二、实验仪器及设备

序　号	仪器名称	规格(型号)	数　量	备　注
1	函数发生器		1	
2	交流电压表	JDV-11	1	
3	交流电流表	JDV-11	1	
4	双踪示波器		1	
5	电工实验平台		1	

三、实验原理

1. RC 串联电路如图 2.14.1 所示,由相量运算方法可知

$$Z=R-\mathrm{j}X_C=R-\mathrm{j}\frac{1}{\omega C}=|z|e^{\mathrm{j}\varphi}=\frac{\dot{U}}{\dot{I}}$$

其中 $|Z|=\sqrt{R^2+X_C^2}=\dfrac{U}{I}$, $\varphi=\arctan\dfrac{X_C}{R}=\arctan\dfrac{1}{\omega RC}$

$\dot{U}=\dot{U}_C+\dot{U}_R$ 及 $U=\sqrt{U_C^2+U_R^2}$

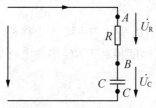

图 2.14.1　*RC* 串联电路

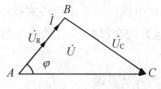

图 2.14.2　电路矢量图

电路矢量图如图 2.14.2 所示,由图可知 U_R 与 I 同相,U_R 与 U_C 相差 $90°$,电压三角形 ABC 为直角三角形,如果在实验中已经测量出 U、U_R 及 U_C,则电路相位角 φ 可由下式计算得出:

$$\varphi=\arccos\frac{U_R}{U}\text{或}\ \varphi=\arctan\frac{U_C}{U_R}$$

2. 利用上述 RC 串联电路的相量关系特点,实用上可作为移相电路来使用。在电子技术领域中往往需要某一电路上的电压相对于另一电压产生连续可变的相位移动,这时就可运用 RC 串联电路。如果使得电阻元件的数值连续可变,那么 RC 电路相量图也跟着连续变化,但 U_R 与 U_C 的相量始终保持 $90°$ 相位差,这是元件特性决定的,也就是说 U_R 与 U_C 相量的交点 B 始终保持在以 U 为直径的半圆上,即 U_R 相量轨迹是一个半圆。U 与 I 的相位角 φ 也可随着 R 大小而连续改变。如果以 U 作为参考相量则 U_R 相对于 U 的相位理论上可做到 $0\sim90°$ 之间改变。

3. RL 串联电路如图 2.14.3 所示,由相量运用法可知

$$Z=R+\mathrm{j}X_L=R-\mathrm{j}\omega L=|z|e^{\mathrm{j}\varphi}=\frac{\dot{U}}{\dot{I}}$$

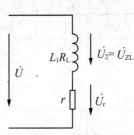

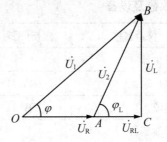

图 2.14.3　*RL* 串联电路　　　　图 2.14.4　*RL* 串联电路相量图

其中 $|Z| = \sqrt{R^2 + X_L^2} = \dfrac{U}{I}$，$\varphi = \arctan \dfrac{X_L}{R} = \arctan \dfrac{\omega L}{R}$

$$\dot{U} = \dot{U}_r + \dot{U}_z = \dot{U}_r + \dot{U}_{RL} + \dot{U}_L$$

$$U = \sqrt{(U_r + U_{RL})^2 + U_L^2}$$

$$R = R_L + r$$

上式中 R_L 为电感线圈导线电阻，L 为电感，r 为外加限流电阻，*RL* 串联电路相量图如图 2.14.4 所示，如果在实验中已经测量出 U、U_r 及 U_{ZL} 则 U 和 I 间的相角差可由下式求出：

$$\cos \varphi = \frac{U^2 + U_r^2 + U_{ZL}^2}{2UU_R}$$

4. *RL* 串联电路中由于电感线圈有电阻存在，所以虽然它也可作为移相电路使用，但因 U_R 相量的轨迹必定在以 U 为直径的半圆内使电压幅度相对于 *RC* 串联电路为小，且相角变化范围也较小。

四、实验内容及步骤

1. 实验线路如图 2.14.5 所示。

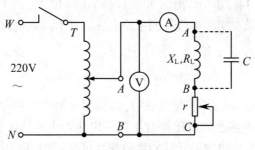

图 2.14.5　实验线路

2. 测量 *RC* 串联电路中 U，U_R 及 U_C 作出电压三角形。

3. 改变电阻值后重测 U_R，U_C 验证 U_R 相量轨迹。

4. 根据上述实验数据作出 φ-R 关系曲线。

5. 测量 *RL* 串联电路中 U，U_{ZL}，U_R 作出电压三角形并求出 R_L、L_L 及 φ，改变 R 值重复测试，数据列表。

表 2-14-1 *RC*、*RL* 串联电路实验结果

	$R(\Omega)$	0	100	200	300	400	500	1 000	∞
*RC*串联电路	$U(V)$								
	$U_R(V)$								
	$U_C(V)$								
	$\varphi(°)$								
*RL*串联电路	$U(V)$								
	$U_{ZL}(V)$								
	$U_{RL}(V)$								
	$U_r(V)$								
	$\varphi(°)$								

五、实验注意事项

1. 图 2.14.5 中 *T* 为自耦式交流调压器,输出可变电压由电源接线柱 *A* 及 *B* 引出。输出电压值可由调压器度盘或板上小电压表作粗略指示,使用调压器必须遵守电源开关合上前及断开后将电压调至零位。同时注意转动调压器手柄不要用力过大,防止滑转。

2. 电容 *C* 可使用电容箱可变电容,电容值采用开关累加方式,面板示值为电容器标称值,误差为±5%,实际值可用电容表测量后标注,使用电容箱应注意使用前后必须用放电按钮放电(按下 3～5 秒)。

3. 电感 *L* 可用互感器原边或副边或原副边顺向串联(反向串联电感抵消),其原副边标称电感 100 mH,实际值可用电感表测量标注,使用电感器应注意额定电流不超过 0.25 A。

4. 电阻可用大功率电阻箱,使用时注意额定功率不超过标明值。

5. 电流表 JDA-11 型双显示交流电流表,该表分大小两组量程,0～0.2 A 为一组,10 A 为另一组,使用时应分别插接相应插口并按下相应按键开关,否则读数不准;电压表用 JDV-11 型双显示交流电压表,仪表各项性能指标参阅使用说明。

六、预习思考题

1. 复习正弦稳态电路的相量分析法。

2. 电源频率的改变对电路阻抗有哪些影响?

七、实验报告要求

1. 根据测量数据,绘制电路的相量图。

2. 回答预习思考题。

3. 总结实验的心得体会。

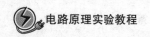

2.15 正弦交流电路中 *RLC* 元件的阻抗频率特性

一、实验目的

1. 加深了解 R、L、C 元件的频率与阻抗的关系。
2. 加深理解 R、L、C 元件端电压与电流间的相位关系。
3. 掌握常用阻抗模和阻抗角的测试方法。
4. 熟悉低频信号发生器等常用电子仪器的使用方法。

二、实验仪器及设备

序 号	仪器名称	规格(型号)	数 量	备 注
1	函数发生器		1	
2	交流电压表	JDV-11	1	
3	交流电流表	JDV-11	1	
4	双踪示波器		1	
5	电工实验平台		1	

三、实验原理

正弦交流可用三角函数表示,即由最大值(U_m 或 I_m),频率 f(或角频率 $\omega=2\pi f$)和初相三要素来决定。在正弦稳态电路的分析中,由于电路中各处电压、电流都是同频率的交流电,所以电流、电压可用相量表示。

在频率较低的情况下,电阻元件通常略去其电感及分布电容而看成是纯电阻。此时其端电压与电流可用复数欧姆定律来描述:

$$\dot{U}=R\dot{I}$$

式中 R 为线性电阻元件,U 与 I 之间无相角差。电阻中吸收的功率为:

$$P=UI=RI^2$$

因为略去附加电感和分布电容,所以电阻元件的阻值与频率无关即 R - f 关系如图2.15.1所示。

电容元件在低频也可略去其附加电感及电容极板间介质的功率损耗,因而可认为只具有电容 C。在正弦电压作用下流过电容的电流之间也可用复数欧姆定律来表示:

$$\dot{U}=X_C\dot{I}$$

式中 X_C 是电容的容抗,其值为:$X_C=\dfrac{1}{j\omega C}$。

所以有 $\dot{U}=\dfrac{1}{j\omega C}\dot{I}=\dfrac{\dot{I}}{\omega C}\angle-90°$,电压 $\dot{U}$ 滞后电流 $\dot{I}$ 的相角为 $90°$,电容中所吸收的功率平均为零。

电容的容抗与频率的关系 X_C - f 曲线如图 2.15.2 所示。

电感元件因其由导线绕成,导线有电阻,在低频时如略去其分布电容则它仅由电阻 R_L 与电感 L 组成。

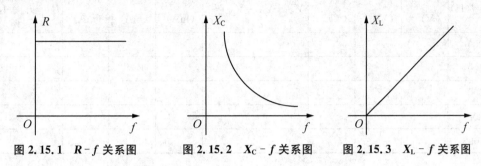

图 2.15.1　R-f 关系图　　　图 2.15.2　X_C-f 关系图　　　图 2.15.3　X_L-f 关系图

在正弦电流的情况下其复阻抗为

$$Z=R_L+\mathrm{j}\omega L=\sqrt{R_L^2+(\omega L)^2}\angle\varphi=|Z|\angle\varphi$$

式中 R_L 为线圈导线电阻。阻抗角 φ 可由 R_L 及 L 参数来决定:

$$\varphi=\arctan\frac{\omega L}{R_L}$$

电感线圈上电压与流过的电流间关系为

$$\dot{U}=(R_L+\mathrm{j}\omega L)\dot{I}=|Z|\dot{I},即\dot{U}=(R_L+\mathrm{j}\omega L)\dot{I}=z\angle\varphi\,\dot{I}$$

电压超前电流 $90°$,电感线圈所吸收的平均功率为:$P=UI\cos\varphi=I^2R_L$,X_L 与频率 f 的关系如图 2.15.3 所示。

四、实验内容及步骤

1. 测量 R-f 特性

实验线路如图 2.15.4 所示。本线路除测 R-f 特性外,尚可验证电压关系及电流关系。

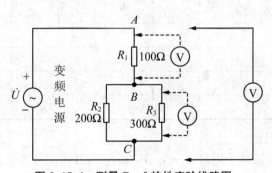

图 2.15.4　测量 R-f 特性实验线路图

调节低频信号源使 $f=1\ \mathrm{kHz}$,$U_{AC}=5\ \mathrm{V}$。测量并记录电阻上电压。按表 2-15-1 规定的频率重复测量。

表 2-15-1　测量 R-f 特性实验结果

测量 f(H)	V_{AC} (V)	V_{BC} (V)	V_{AB} (V)	$V_{AB}+V_{BC}=V_{AC}$ 吗?	I_{R1} (mA)	I_{R2} (mA)	I_{R3} (mA)	$I_{R2}+I_{R3}=I_{R1}$ 吗?
200								
400								
600								
800								
1 000								

2. 测量 X_L-f 特性

实验线路如图 2.15.5 所示,X 为被测阻抗,R 为限流电阻,调节低频信号源输出电压为 5 V,改变频率重复测量电感线圈上电压 U_L,电阻上电压 U_R 数据列表。

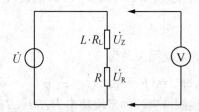

图 2.15.5　测量 X_L-f 特性实验线路图

表 2-15-2　测量 X_L-f 特性实验结果

f(Hz)	50	100	150	200	250	300	350	400	500
U_Z　　(V)									
U_R　　(V)									
$I_R=$									
$X_{测}=$									
$X_{计算}=2\pi f L$									
误差%									

3. 测量 X_C-f 特性

将图 2.15.5 中 X 改接为电容,$C=1\ \mu F$,R 不变,低频信号源输出电压 $U=5$ V,频率仍按表 2-15-2 所列数值,重复测量 U_C,U_R 数据表格同上。

五、实验注意事项

1. 晶体管毫伏表属于高阻抗电表,测量前必须先用测笔短接两个测试端钮,使指针逐渐回零后再进行测量。

2. 测 φ 时,示波器的"V/cm"和"t/cm"的微调旋钮应旋置"校准位置"。

六、预习思考题

1. 测量 R、L、C 元件的频率特性时,如何测量流过被测元件的电流? 为什么要与它们串联一个小电阻?

2. 如何用示波器观测阻抗角的频率特性?

3. 在直流电路中,C 和 L 的作用是什么?

七、实验报告要求

1. 根据两表实验数据,在坐标纸上分别绘制 R、L、C 三个元件的阻抗频率特性曲线和 L、C 元件的阻抗角频率特性曲线。

2. 回答预习思考题。

3. 根据实验数据,总结、归纳出本次实验的结论。

2.16 用二表法与一表法测量交流电路等效参数

一、实验目的

1. 掌握用二表法及一表法测交流电路等效参数的方法。

2. 熟练仪器仪表使用技术。

二、实验仪器及设备

序 号	仪器名称	规格(型号)	数 量	备 注
1	函数发生器		1	
2	交流电压表	JDV-11	1	
3	交流电流表	JDV-11	1	
4	双踪示波器		1	
5	电工实验平台		1	

三、实验原理

交流电路元件的等效参数可利用交流电压表及交流电流表测量或仅用交流电压表测量后经运算求出,这种方法对简化复杂的一端口无源网络具有实用意义。

四、实验内容及步骤

1. 二表法测量电路

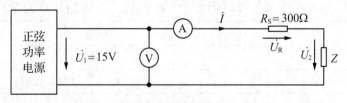

图 2.16.1 测量电路图

图 2.16.1 中 R 为外加电阻,其阻值大小,精度与测量结果误差无关,激励电源用 DDH-2 型函数信号源,频率调节在 200 Hz(不用 50 Hz 电网电源是由于电网波形失真过大,电压不稳

定等原因),用交流电压表测量 U_1、U_2 及 U_R 用电流表测量线路电流,Z 为任意复阻抗的一端口网络。本实验中用一个 RLC 组合电路来模拟,电路如图 2.16.2 所示。

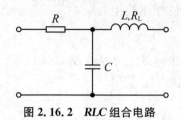

图 2.16.2 RLC 组合电路

其中 L 采用互感器原边或副边线圈,标称电感量 100 mH,实际值可用电感表测量后标注,R_L 为线圈电阻,$R=50\ \Omega$ 可用电阻箱电阻,$C=2\ \mu F$ 可用电容箱电容,如果 Z 为电感性阻抗则向量图如图 2.16.3 所示。$\dot{U}_1$、$\dot{U}_R$、$\dot{U}_2$ 闭合三角形 $\triangle OAB$,且有 $\dot{U}_1=\dot{U}_R+\dot{U}_2$,由余弦定律可求出:

$$\cos\varphi_1=\frac{U_1^2+U_R^2-U_2^2}{2U_1U_R},\dot{U}_2=\dot{U}_{RL}+\dot{U}_L$$ 闭合三角形 $\triangle BAC$,则:

$$U_{RL}=U_1\cos\varphi_1-U_R,U_L=U_1\sin\varphi_1,R_L'=\frac{U_{RL}}{I},L'=\frac{U_L}{\omega I}=\frac{U_L}{2\pi fI}。$$

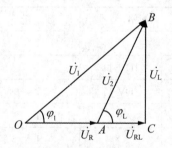

图 2.16.3 相量图

同理,如果 Z 为容性阻抗也一样可求出等效参数,判断 Z 的阻抗性质的方法可在 Z 两端并上一小电容观察电流变化来确定。

2. 一表法测量线路同上,但串联电阻 R_S 的阻值应预先已知,这样线路电流 $I=U_R/R_S$,其余计算方法同上,此法实用性更强。

表 2-16-1 二表法实验数据

U_1(V)	U_R(V)	U_2(V)	I(mA)	$R_S=U_R/I$	
计 算 数 据					
Z(Ω)	$\cos\varphi$	φ	等效 R_L'(Ω)	等效 L'(mH)	等效 C'(μF)

表 2-16-2　一表法实验数据

U_1(V)	U_R(V)	U_2(V)	$I=U_R/R_S$	R_S(Ω)	
计　算　数　据					
Z(Ω)	$\cos\varphi$	φ	等效 R_L'(Ω)	等效 L'(mH)	等效 C'(μF)

五、实验注意事项

1. 本实验直接用市电 220 V 交流电源供电,实验中要特别注意人身安全,必须严格遵守安全用电操作规程,不可用手直接触摸通电线路的裸露部分,以免触电。

2. 自耦调压器在接通电源前,应将其手柄置在零位上,输出电压从零开始逐渐升高。每次改接实验线路或实验完毕,都必须先将其旋柄慢慢调回零位,再断电源。

3. 功率表要正确接入电路,并且要有电压表和电流表监测,使两表的读数不超过功率表电压和电流的量程。

4. 在测量有电感线圈 L 的支路中,要用电流表监测电感支路中的电流不得超过 0.4 A。

六、预习思考题

1. 在 50 Hz 的交流电路中,测得一只铁心线圈的 P、I 和 U,如何算得它的阻值及电感量?

2. 如何用串联电容的方法来判别阻抗的性质?试用 I 随 X_C(串联容抗)的变化关系作分析,证明串联试验时,C' 满足

$$\frac{1}{\omega C'}<|2X|$$

七、实验报告要求

1. 根据实验数据,完成各项数据表格的计算。

2. 回答预习思考题中的问题。

3. 总结功率表与自耦调压器的使用方法。

4. 心得体会及其他。

2.17　三表法测量交流电路等效阻抗

一、实验目的

1. 学习用功率表、电压表、电流表测定交流电路元件等效参数的方法。

2. 掌握功率表的使用方法。

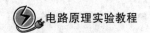

二、实验仪器及设备

序 号	仪器名称	规格(型号)	数 量	备 注
1	函数发生器		1	
2	交流电压表	JDV-11	1	
3	交流电流表	JDV-11	1	
4	双踪示波器		1	
5	电工实验平台		1	

三、实验原理

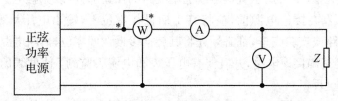

图 2.17.1　实验线路图

由功率表 W 测量一端口网络 Z 的功率 P,电压表、电流表分别测量 Z 的电压与电流,如果 Z 的阻抗为感性,则有:

$$|Z| = \frac{U}{I},\cos\varphi = \frac{P}{UI}$$

由上式可计算等值参数

$$R' = |Z|\cos\varphi, L' = \frac{X_L}{\omega} = \frac{|Z|\sin\varphi}{\omega}$$

如果 Z 是容性阻抗,则其等值参数为:

$$R' = |Z|\cos\varphi, C' = \frac{1}{\omega X_C} = \frac{1}{|Z|\sin\varphi\omega}$$

判断 Z 的阻抗性质的方法同实验 2.15 所述。

四、实验内容及步骤

1. 图 2.17.1 中阻抗网络 Z 可采用图 2.17.2 结构,$C=10\ \mu\text{F}$,可用电容箱电容,L 为互感器线圈(具有 L 和 R_L)R 为电阻箱。

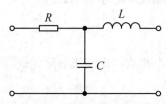

图 2.17.2　阻抗网络 Z 结构

2. 按图 2.17.1 接好线路,功率表同名端连在一起,电流量程可选 0.4 A,电压量选 50 V。

3. 输出电压逐渐增加至 6 V 左右,增加过程中随时观察电流表与电压表,显示值不超过功率表量程。

表 2-17-1　实验数据

直 接 测 量 值			中 间 计 算 量			网络等效参数	
U(V)	I(A)	P(W)	Z(Ω)	$\cos\varphi$	φ	R(Ω)	L 或 C

五、实验注意事项

1. 功率表的同名端按标准接法连连在一起,否则功率表中指针表反偏而数字表无显示。

2. 使用功率表测量时必须正确选定电压量程与电流量程,按下相应的键式开关,否则功率表将有不适当显示。

3. 本实验中电源也可采用变频电源,但参数可作适当调整。

六、预习思考题

1. 若用功率因数表替换三表法中的功率表是否也能测出元件的等值阻抗?为什么?

2. 用三表法测参数时,为什么在被测元件两端并接电容可判断元件的性质?试用向量图加以说明。

七、实验报告要求

1. 分析 R、L、C 串联电路时,电路中阻抗、电压和电流的计算。

2. 绘制电压、功率和阻抗三角形。

3. 根据测量数据,绘制出相应的相量图。

4. 回答预习思考题。

2. 18　日光灯功率因数提高

一、实验目的

1. 熟悉日光灯的接线,做到能正确迅速连接电路。

2. 通过实验了解功率因数提高的意义。

3. 熟练掌握功率表的使用。

二、实验仪器及设备

序　号	仪器名称	规格(型号)	数　量	备　注
1	函数发生器		1	
2	交流电压表	JDV-11	1	
3	交流电流表	JDV-11	1	
4	功率表		1	
5	电工实验平台		1	

三、实验原理

日光灯由日光灯管 A、镇流器 L(带铁心电感线圈)、启动器 S 组成。当接通电源后,启动器内发生辉光放电,双金属片受热弯曲,触点接通,将灯丝预热使它发射电子,启动器接通后辉光放电停止,双金属片冷却,又把触点断开,这时镇流器感应出高电压加在灯管两端使日光灯管放电,产生大量紫外线,灯管内壁的荧光粉吸收后幅射出可见的光,日光灯就开始正常工作。启动器相当一只自动开关,能自动接通电路(加热灯丝)和开断电路(使镇流器产生高压,将灯管击穿放电)。镇流器的作用除了感应高压使灯管放电外,在日光灯正常工作时,起限制电流的作用,镇流器的名称也由此而来。由于电路中串联着镇流器,它是一个电感量较大的线圈,因而整个电路的功率因数不高。

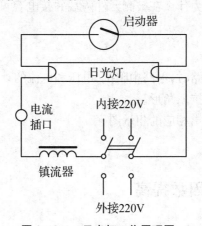

图 2.18.1 日光灯工作原理图

负载功率因数过低,一方面没有充分利用电源容量,另一方面又在输电电路中增加损耗。为了提高功率因数,一般最常用的方法是在负载两端并联一个补偿电容器,抵消负载电流的一部分无功分量。在日光灯接电源两端并联一个可变电容器,当电容器的容量逐渐增加时,电容支路电流 I_C 也随之增大,因 $\dot{I}_C$ 导前电压 $\dot{U}$,可以抵消电流 I_G 的一部分无功分量 I_{GL},结果总电流 I 逐渐减小,但如果电容器 C 增加过多(过补偿)。$I_{CS}>I_{GL}$ 总电流又将增大($I_3>I_2$)。

四、实验内容及步骤

1. 将日光灯及可变电容箱元件按实验图 2.18.2(a)所示电路连接。在各支路串联接入电流表插座,再将功率表接入线路,按图接线并经检查后,接通电源,电压增加至 220 V。

2. 改变可变电容箱的电容值,先使 $C=0$,测日光灯单元(灯管、镇流器)二端的电压及电源电压,读取此时灯管电流 I_G 及功率表读数 P,并记入表格 2-18-1。

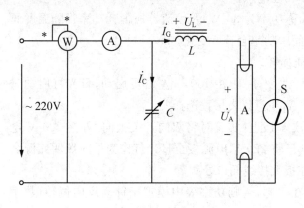 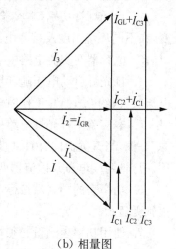

(a) 实验电路图 (b) 相量图

图 2.18.2 实验电路图

3. 逐渐增加电容 C 的数值,测量各支路的电流和总电流。电容值不要超过 $C=6\ \mu F$,否则电容电流过大。

4. 绘出 $I=f(C)$ 的曲线,分析讨论。

表 2-18-1 测量数据

电容 (μF)	总电压 $U(V)$	$U_L(V)$	$U_A(V)$	总电流 $I(mA)$	$I_C(mA)$	$I_G(mA)$	功率 $P(W)$
0							
0.5							
1.0							
1.5							
2.0							
2.5							
3.0							
3.5							
4.0							
4.5							
5.0							
5.5							
6.0							

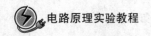

五、实验注意事项

1. 日光灯电路是一个复杂的非线性电路,原因有二:其一是灯管在交流电压接近零时熄灭,使电流间隙中断,其二是镇流器为非线性电感。

2. 日光灯管功率(本实验中日光灯标称功率为 30 W)及镇流器所消耗功率都随温度而变,在不同环境温度及接通电路后不同时间中功率会有所变化。

3. 电容器在交流电路中有一定的介质损耗。

4. 日光灯启动电压随环境温度会有所改变,一般在 180 V 左右可启动,日光灯启动时电流较大(约 0.6 A),工作时电流约 0.37 A,注意仪表量程选择。

5. 本实验中日光灯电路标明在 D04 实验板上,实验时将双向开关扳向"外接 220 V 电源"一侧,当开关扳向"内接电源"时由内部已将 220 V 电源接至日光灯作为平时照明光源之用。灯管两端电压及镇流器两端电压可在板上接线插口处测量。

6. 功率表的同名端按标准接法连接在一起,否则功率表中模拟指针表反向偏转,数字表则无显示。

7. 使用功率表测量必须按下相应电压、电流量程开关,否则可能会有不适当显示。

8. 为保护功率表中指针表开机冲击,JDW-32 型功率表采用指针表开机延时工作方式,仪表通电后约 10 秒钟两表自动进入同步显示。

9. 本实验如果数据不符合理论规律首先检查供电电源波形是否过分畸变,因目前电网波形高次谐波份量相当高,如能装电源进线滤波器是有效措施。

10. 如果使用功率与功率因数组合表时,则电流部分的量程在启动时应在 4 A,正常工作后应在 0.4 A。功率因数表动作范围是量程的 10% 至 120%。

六、预习思考题

1. 参阅课外资料,了解日光灯的启辉原理。

2. 在日常生活中,当日光灯上缺少了启辉器时,人们常用一根导线将启辉器的两端短接一下,然后迅速断开,使日光灯点亮;或用一只启辉器去点亮多只同类型的日光灯,这是为什么?

3. 为了提高电路的功率因数,常在感性负载上并联电容器,此时增加了一条电流支路,试问电路的总电流是增大还是减小,此时感性元件上的电流和功率是否改变?

4. 提高线路功率因数为什么只采用并联电容器法,而不用串联法? 所并的电容器是否越大越好?

5. 若日光灯在正常电压下不能启动点燃,如何用电压表测出故障发生的位置? 试简述排除故障的过程?

七、实验报告要求

1. 完成数据表格中的计算,进行必要的误差分析。

2. 根据实验数据,分别绘出电压、电流相量图,验证相量形式的基尔霍夫定律。

3. 讨论改善电路功率因数的意义和方法。

4. 装接日光灯线路的心得体会及其他。

2.19　串联谐振

一、实验目的

1. 学会用实验方法测定 R、L、C 串联谐振电路的电压和电流以及学会绘制谐振曲线。
2. 加深理解串联谐振电路的频率特性和电路品质因数的物理意义。

二、实验仪器及设备

序　号	仪器名称	规格(型号)	数　量	备　注
1	函数发生器		1	
2	交流电压表	JDV-11	1	
3	交流电流表	JDV-11	1	
4	双踪示波器		1	
5	电工实验平台		1	

三、实验原理

在 R、L、C 串联电路中,当外加正弦交流电压的频率可变时,电路中的感抗、容抗和电抗都随着外加电源频率的改变而变化,因而电路中的电流也随着频率而变化。这些物理量随频率而变的特性绘成曲线,就是它们的频率特性曲线。

由于:$X_{L}=\omega L$,$X_{C}=\dfrac{1}{\omega C}$,$X=X_{L}-X_{C}=\omega L-\dfrac{1}{\omega C}$

$$|Z|=\sqrt{R^{2}+\left(\omega L-\dfrac{1}{\omega C}\right)^{2}},\varphi=\arctan\dfrac{\omega L-\dfrac{1}{\omega C}}{R}$$

将它们的频率特性曲线绘出,就如图 2.19.1 所示的一系列曲线,当 $X_L=X_C$ 时的频率 ω 叫做串联谐振频率 ω_0,这时电路呈谐振状态,谐振角频率为:

$$\omega=\omega_0=\dfrac{1}{\sqrt{LC}}$$

谐振频率:

$$f_0=\dfrac{1}{2\pi\sqrt{LC}}$$

可见谐振频率决定于电路参数 L 及 C,随着频率的变化,电路的性质在 $\omega<\omega_0$ 时呈容性,$\omega>\omega_0$ 时电路呈感性,$\omega=\omega_0$ 时,即在谐振点电路出现纯阻性。

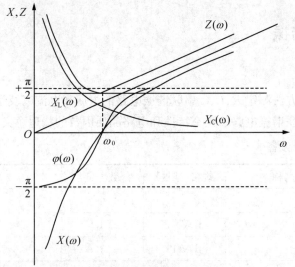

图 2.19.1 频率特性曲线

如维持外加电压 U 不变,并将谐振时的电流表示为:

$I_0 = \dfrac{U}{R}$,电路的品质因数 Q 为:$Q = \dfrac{\omega_0 L}{R}$。

改变外加电压的频率,作出如图 2.19.2 所示的电流谐振曲线,它的表达式为:

$$\frac{I}{I_0} = \frac{1}{\sqrt{1 + Q^2 \left(\dfrac{\omega}{\omega_0} - \dfrac{\omega_0}{\omega} \right)^2}}$$

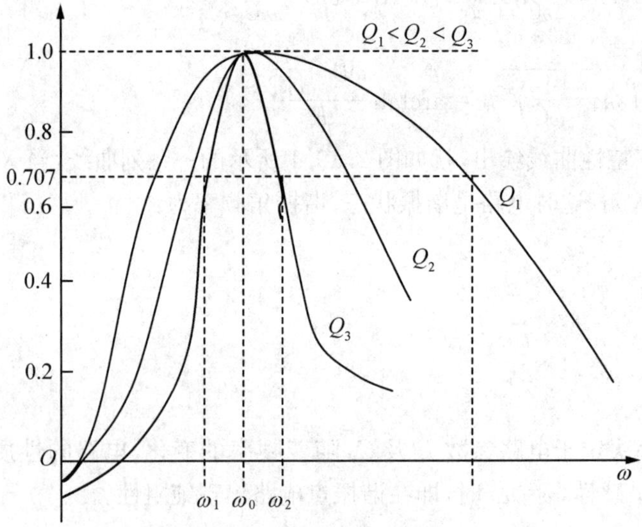

图 2.19.2 电流谐振曲线

当电路的 L 及 C 维持不变,只改变 R 的大小时,可以作出不同 Q 值的谐振曲线,Q 值越大,曲线越尖锐,在这些不同 Q 值谐振曲线图上通过纵座标 $I/I_0 = 0.707$ 处作一平行于横轴的直线,与各谐振曲线交于两点:ω_1 及 ω_2,Q 值越大,这两点之间的距离越小,可以证明:

$$Q=\frac{\omega_0}{\omega_0-\omega_1}。$$

上式说明电路的品质因数越大、谐振曲线越尖锐、电路的选择性越好,相对通频带 $\frac{\omega_2-\omega_1}{\omega_0}$ 越小,这就是 Q 值的物理意义。

实验中用 JDV-11 型交流电压表测出 U_R,则 $I=\frac{U_R}{R}$,在保持 U_i 不变情况下,改变频率 f 测量对应的 U_R。

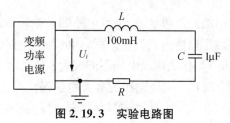

图 2.19.3 实验电路图

四、实验内容及步骤

1. 选 $C=1\ \mu F, R_1=100\ \Omega, L=100\ mH$(用互感器原边),保持 $U_i=10\ V$,作出电流谐振曲线。

2. 选 $C=1\ \mu F, R_2=400\ \Omega, L=100\ mH$(用互感器原边),保持 $U_i=5\ V$,作出电流谐振曲线。

3. 记录实验结果

表 2-19-1 实验结果

串 联 谐 振 回 路 参 数										
$R_1=$ Ω		$R_2=$ Ω		$C=$ μF		$L=$ mH		$R_L=$ Ω		
$R=R_1+R_L$ 时实验测量数据										
f(Hz)										
U_i(V)										
U_R(V)										
U_C(V)										
U_{LR}(V)										
$R=R_2+R_L$ 时实验测量数据										
f(Hz)										
U_i(V)										
U_R(V)										
U_C(V)										
U_{LR}(V)										

五、实验注意事项

1. 测试频率点的选择应在靠近 f_0 附近多取几点,在改变频率测试前,应调整信号输出幅度(用毫伏表监视输出幅度),使其维持 1 V 输出不变。

2. 在测量 U_C 和 U_L 数值前,应将毫伏表的量程改大,而且在测量 U_L 与 U_C 时毫伏表的"+"端接 C 与 L 的公共点,其接地端分别触及 L 和 C 非公共点。

3. 实验过程中交流毫伏表电源线采用两线插头。

六、预习思考题

1. 根据实验线路板给出的元件参数值,估算电路的谐振频率。

2. 改变电路的哪些参数可以使电路发生谐振,如何判别电路是否发生谐振?

3. 电路发生串联谐振时,为什么输入电压不能太大?如果信号源给出 1 V 的电压,电路谐振时,用交流毫伏表测 U_L 与 U_C,应该选择用多大的量程?

4. 电路谐振时,对应的 U_L 与 U_C 是否相等?如有差异,原因何在?

5. 影响 R、L、C 串联电路的品质因数的参数有哪些?

七、实验报告

1. 根据测量数据,在同一坐标中绘出不同 Q 值时的两条电流谐振曲线 $I_O = f(f)$。

2. 计算出通频带与 Q 值,说明不同的 R 值对电路通频带与品质因数的影响。

3. 对测 Q 值的两种不同的方法进行比较,分析误差原因。

4. 谐振时,比较输出电压 U_O 与输入电压 U_i 是否相等?试分析原因。

5. 通过本次实验,总结、归纳串联谐振电路的特性。

2.20 互感电路

一、实验目的

1. 学会互感电路同名端、互感系数以及耦合系数的测定方法。

2. 通过两个具有互感耦合的线圈顺向串联和反向串联实验,加深理解互感对电路等效参数以及电压、电流的影响。

二、实验仪器及设备

序 号	仪器名称	规格(型号)	数 量	备 注
1	函数发生器		1	
2	交流电压表	JDV-11	1	
3	交流电流表	JDV-11	1	
4	双踪示波器		1	
5	电工实验平台		1	

三、实验原理

在互感电路的分析计算时,除了需要考虑线圈电阻、电感等参数的影响外,还应特别注意互感电势(或互感电压降)的大小及方向的正确判定。为了测定互感电势的大小可将两个具有互感耦合的线圈中的一个线圈(例如线圈2)开路,而在另一个线圈(线圈1)上加以一定电压,用电流表测出这一线圈中的电流 I_1,同时用电压表测出线圈2的端电压 U_2,如果所用的电压表内阻很大,可近似地认为 $I_2 = 0$(即线圈2可看作开路),这时电压表的读数就近似地等于线圈2中互感电势 E_{2M},即:$U_2 \approx E_{2M} = \omega M I_1$

式中 ω 为电源的角频率,可算出互感系数 M 为:$M \approx \dfrac{U_2}{\omega I_1}$

正确判断互感电势的方向,必须首先判定两个具有互感耦合的同名端(又叫对应端或极性),判定互感电路同名端的方法是:用一直流电源经开关突然与互感线圈1接通(如图2.20.1所示)在线圈2的回路中接一直流毫安表,在开关 K 闭合的瞬间,线圈1回路中的电流 I_1 通过互感耦合将在线圈2中产生一互感电势并在线圈2回路中产生一电流 I_2 使所接毫安表发生偏转,根据楞次定律及图示所假定的电流正方向,当毫安表正向偏转时,线圈1与电源正极相接的端点1与线圈2与直流毫安表正极相接的端点2便为同名端,如毫安表反向偏转,由此时线圈2与直流表负极相接的端点 $2'$ 和线圈1与电源正极相接的端1为同名端(注意上述判定同名端的方法仅在开关 K 闭合瞬间才成立)。

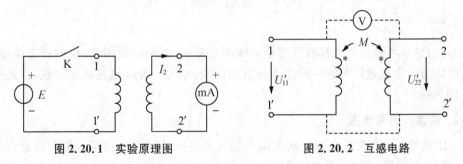

图 2.20.1　实验原理图　　　　　图 2.20.2　互感电路

互感电路同名端也可利用交流电压来测定,将线圈1的一个端点 $1'$ 与线圈2的一个端 $2'$ 用导线连接(如图2.20.2中虚线所示)。在线圈1两端加以交流电压,用电压表分别测出1及 $1'$ 两端与1、2两端的电压,设分别为 U_{11} 与 U_{12},如 $U_{11} > U_{12}$,则用导线连接的两个端点($1'$ 与 $2'$)应为异名端(也即 $1'$ 与2以及1与 $2'$ 为同名端),因为如果我们假定正方向为 U_{11},当1与 $2'$ 为同名端时,线圈2中互感电压的正方向应为 U_{22},所以 $U_{12} = U_{11} + U_{22}$(因 $1'$ 与2相连)必然大于电源电压 U_{11}。同理,如果1、2两端电压的读数 U_{12} 小于电源电压(即 $U_{12} < U_{11}$),此时 $1'$ 与 $2'$ 即为同名端。

互感电路的互感系数 M 也可以通过将两个具有互感耦合的线圈加以顺向串联和反向串联而测出,当两线圈顺接时,如图2.20.3(a)所示,有

$$U = (R_1 + j\omega L_1)I + j\omega M I + (R_2 + j\omega L_2)I + j\omega M I$$
$$= [(R_1 + R_2) + j\omega(L_1 + L_2 + 2M)]I$$
$$= (R + j\omega L)I$$

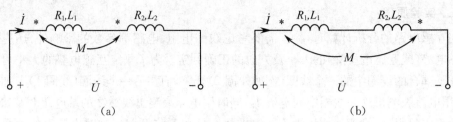

图 2.20.3　互感电路的互感系数 M

由此可得出顺接时电路的等效电感 $L=L_1+L_2+2M$。

两个线圈反接时(如图 2.20.3(b)所示),电压方程式为:

$$U=(R_1+\mathrm{j}\omega L_1)I-\mathrm{j}\omega MI+(R_2+\mathrm{j}\omega L_2)I-\mathrm{j}\omega MI$$
$$=[(R_1+R_2)+\mathrm{j}\omega(L_1+L_2-2M)]I$$
$$=(R+\mathrm{j}\omega L)I$$

反接时的等效电感: $L=L_1+L_2-2M$。

如果用直流电桥测出两线圈的电阻 R_1 和 R_2,再用电压表和电流表分别测出顺接时的电压、电流分别为 U、I,反接时的电压、电流分别为 U'、I',则

$$Z_顺=\sqrt{R_顺^2+(\omega L_顺)^2}\,,Z_反=\sqrt{R_反^2+(\omega L_反)^2}$$

$$X_顺=\sqrt{Z_顺^2-(R_1+R_2)^2}=\omega L_顺\,,X_反=\sqrt{Z_反^2-(R_1+R_2)^2}=\omega L_反\,,$$

得 $M=\dfrac{X_顺-X_反}{4\omega}=\dfrac{L_顺-L_反}{4\omega}$。

上述方法也可判定两个具有互感耦合线圈的极性,当两线圈用正、反两种方法串联后,加以同样电压,电流数值大的一种接法是反向串联,小的一种接法是顺向串联,由此可定出极性(同名端)。

四、实验内容及步骤

1. 用直流电源和交流电源分别测试互感线圈的同名端,自定方法,但需注意直流电源只能当开关合闸瞬间接通线圈,看出电表偏转方向后即打开开关,线路中电流不超过 0.25 A,电表可单独使用 JDA-21 型电流表中的指针表头。

2. 用交流伏安法测定线圈的 L_1、L_2 及 M,电源可用变频功率电源正弦波输出,频率可调至 200 Hz(直接用电网电压波形差,干扰大,电压不稳),电流不超过 0.25 A。

3. 用顺串法与反串法测量 M,电流不超过 0.25 A。

4. 把测量数据记入下面表格。

表 2-20-1 线圈 2 开路测量

线圈 1 电阻 $R_1=$ _____ Ω 频率 $f=200$ Hz									
读数次数	U_1(V)	I_1(A)	U_2(V)	I_2(A)	Z_1(Ω)	X_1(Ω)	L_1(H)	M(H)	L_1(平均)	M 平均
第一次										
第二次										
第三次										

表 2-20-2 线圈 1 开路测量

线圈 2 电阻 $R_2=$ _____ Ω 频率 $f=200$ Hz									
读数次数	U_1(V)	I_1(A)	U_2(V)	I_2(A)	Z_1(Ω)	X_1(Ω)	L_1(H)	M(H)	L_1(平均)	M 平均
第一次										
第二次										
第三次										

表 2-20-3 线圈 1 和 2 顺向及反向串联测量

频率 $f=200$ Hz

连接方法	测量次数	电表读数		计 算 结 果				
		U(V)	I(A)	等效电阻	等效阻抗	等效感抗	互感系数	M 平均
顺向连接	1							
	2							
	3							
反向连接	1							
	2							
	3							

五、实验注意事项

1. 整个实验过程中,注意流过线圈 L_1 的电流不得超过 1.5 A,流过线圈 L_2 的电流不得超过 1 A。

2. 测定同名端及其他测量数据的实验中,都应将小线圈 L_2 套在大线圈 L_1 中,并插入铁心。

3. 如实验室备有 200 Ω/2 A 的滑线变阻器或大功率的负载,则可接在交流实验时的 L_1 侧,作为限流电阻用。

4. 做交流实验前,首先要检查自耦调压器,要保证手柄置在零位,因实验时所加的电压只有 2～3 V 左右。因此调节时要特别仔细、小心,要随时观察电流表的读数,不得超过规

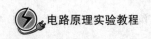

定值。

六、预习思考题

1. 复习互感电路的有关理论，认真预习实验内容。

2. 本实验用直流法判断同名端是用插、拔铁心时观察电流表的正、负读数变化来确定的，这与实验原理中所叙述的方法是否一致？

3. 用相量图说明"交流判别法"判断同外端的原理。

七、实验报告要求

1. 总结对互感线圈同名端、互感系数和耦合系数的实验测试方法。

2. 完成测试数据表格及计算任务。

3. 解释实验中观察到的互感现象。

2.21 变压器及其参数测量

一、实验目的

1. 掌握变压器各参数测试的方法，电压、电流、阻抗以及功率的变换关系。

2. 掌握交流电压表、电流表及功率表的正确使用连接方法。

3. 了解理想变压器的基本条件。

二、实验仪器及设备

序　号	仪器名称	规格(型号)	数　量	备　注
1	函数发生器		1	
2	交流电压表	JDV-11	1	
3	交流电流表	JDV-11	1	
4	双踪示波器		1	
5	电工实验平台		1	

三、实验原理

1. 在电路理论中变压器与电阻、电感、电容一样是基本电路元件。但是从理论分析的观点来看这是一种被理想化、抽象化的变压器。R、L 和 C 元件各具有两个端子，而理想变压器却具有两对端子。如图 2.21.1 所示为理想变压器的电器模型，其初级(原边)和次级(副边)的电压电流关系用下式表示：

$$u_1 = nu_2, \quad i_2 = -ni_1$$

式中 n 称作变压器的变比或匝数比，这些方程中的正负号适用于图示参考方向；如果任何一个参考方向变了，其相应的正负号也将改变。

理想变压器有这样的性质：一个电阻 R_L 接在一对端子上，而在另一端子上则表现为 R_L 乘以变比 $u_1 = nu_2$ 的平方。图中 $u_2 = -R_L i_2$ 代入 $u_1 = nu_2 = -nR_L I_2 = (n^2 R_L) I_1$，$U_1 = nU_2$

$$=-nR_{\mathrm{L}}I_2=(n^2R_{\mathrm{L}})I_1$$

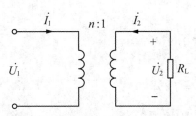

图 2.21.1　理想变压器的电器模型

因而在输入端上的等值电阻是 n^2R_{L}。理想变压器输入的全部能量是 $u_1i_1+u_2i_2=0$。

上式说明理想变压器是一种无源器件,它既不储存能量也不消耗能量,仅仅是传送能量,从电源吸收的功率全部传送给负载。

2. 理想变压器实际上是不存在的。实际的变压器通常都是用线圈和铁心组成,在传递能量的过程中要消耗电能。因为线圈有直流电阻,铁心中有涡流磁滞损耗,并且为了传送能量铁心中还必须储藏磁能,所以变压器还对电源吸收无功功率。线圈中的损耗称铜耗,铁心中的损耗称铁耗。通常,这些损耗相对于变压器传递的功率来说一般都是较小的。因此,在许多情况下实际变压器可近似作为理想变压器。其电压比、电流比、阻抗比及功率关系可通过实验测量取得,图 2.21.2 为变压器参数测量线路。

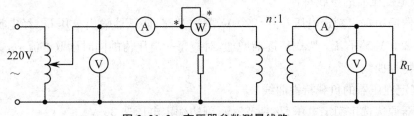

图 2.21.2　变压器参数测量线路

分别测出变压器原边的电压 u_1、电流 i_1、功率 P_1 及副边的电压 u_2、电流 i_2,即可计算出各项参数:

(1) 电压比:$n_{\mathrm{u}}=\dfrac{u_1}{u_2}$

(2) 电流比:$n_{\mathrm{i}}=\dfrac{i_2}{i_1}$

(3) 阻抗比:$n_{\mathrm{Z}}=\dfrac{Z_1}{Z_2}$

(4) 原边阻抗:$Z_1=\dfrac{\dot{U}_1}{\dot{I}_1}$

(5) 副边阻抗:$Z_2=\dfrac{\dot{U}_2}{\dot{I}_2}$

(6) 负载功率:$P_2=U_2I_2$

(7) 损耗功率:$P_0=P_1-P_2$

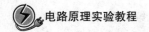

(8) 效率：$\eta = \dfrac{P_2}{P_1}$

(9) 功率因数：$\cos\varphi = \dfrac{P_1}{U_1 I_1}$

(10) 原边线圈铜耗：$P_{01} = I_{21}\gamma_1$

(11) 副边线圈铜耗：$P_{02} = I_{22}\gamma_2$

(12) 铁耗：$P_{03} = P_0 - (P_{01} + P_{02})$

（γ_1、γ_2 为变压器原边、副边线圈直流电阻）

由于铁心变压器是一个非线性元件，铁心中的磁感应强度决定于外加电压的数值。同时因为建立铁心磁场必须提供磁化电流，外加电压越高。铁心磁感应强度越大，需要的磁化电流也越大。所以，外加电压和磁化电流的关系反映了磁化曲线的性质。在变压器中次级开路时，输入电压与磁化电流的关系称为变压器的空载特性，曲线的拐弯处过高，会大大增加磁化电流，增加损耗，过低会造成材料未充分利用。

变压器的各项参数也会随输入电压作非线性的变化，一般情况下电压低于 U_H 偏离线性程度较小，电压大于 U_H 时将严重畸变（U_H 为额定电压值）。

四、实验内容及步骤

1. 测定变压器的空载特性

变压器原边选定额定电压 $U_H = 220\text{ V}$，副边开路，调压器输出电压 U_1 经电流表接至变压器 0 及 220 V 端子，U_1 从 0 V 逐渐增加，对应每一电压值的同时读取电流值，数据列表并作出空载特性曲线。

2. 测定变压器的负载特性曲线

变压器原边选定额定电压 $U_H = 220\text{ V}$，副边额定电压选 36 V。

按图 2.21.2 接线，调压器电压调节至 220 V，副边负载 $R_L = 72\ \Omega$（用电阻箱电阻），读取 P_1、U_1、I_1 及 U_2、I_2 数据列表。

表 2-21-1　变压器空载特性

U_1(V)	0	10	20	30	50	80	120	160	200	220
I_1(mA)										

变 压 器 负 载 特 性 测 量 数 据				
U_1(V)	I_1(mA)	U_2(V)	I_1(A)	P_1(W)

计 算 数 据					
$P_2 = U_2 I_2$	$Z_2 = R_L = U_2/I_2$	$P_0 = P_1 - P_2$	$P_{01} = I_{12} r_1$	$P_{02} = I_{22} r_2$	$P_{03} = P_0 - P_{01} - P_{02}$
$n_U = U_1/U_2$	$N_i = I_2/I_1$	$Z_1 = U_1/I$	$n_Z = Z_1/Z_2$	$\eta = P_2/P_1$	$\cos\varphi = P_1/U_1 I_1$

五、实验注意事项

1. 空载实验和负载实验是将变压器作为升压变压器使用,而短路实验是将变压器作为降压变压器使用,故使用调压器时应首先调至零位,然后才可合上电源。

2. 调压器输出电压必须用电压表监视,防止被测变压器输出过高电压而损坏实验设备,且要注意安全,以防高压触电。

3. 由空载实验转到负载实验或到短路实验时,要注意及时变更仪表量程。

4. 遇到异常情况,应立即断开电源,待处理好故障后,再继续实验。

六、预习思考题

1. 为什么做开路和负载实验将低压绕组作为原边进行通电实验? 实验过程中应注意什么问题?

2. 为什么变压器的励磁参数一定是在空载实验加额定电压的情况下求出?

3. 为什么短路实验要将低压侧短路? 实验过程中应注意什么问题?

七、实验报告要求

1. 根据所测数据,绘出变压器的外特性和空载特性曲线。

2. 根据额定负载时测得的数据,计算变压器的各项参数。

3. 回答预习思考题。

4. 本次实验总结及心得体会。

2.22 RC 选频网络特性测试

一、实验目的

1. 熟悉常用文桥 RC 选频网络的结构特点和应用。

2. 研究文桥电路的传输函数、幅频特性与相频特性。

3. 学习网络频率特性的测试方法。

二、实验仪器及设备

序 号	仪器名称	规格(型号)	数 量	备 注
1	函数发生器		1	
2	交流电压表	JDA-11	1	
3	交流电流表	JDA-11	1	
4	双踪示波器		1	
5	电工实验平台		1	

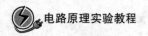

三、实验原理

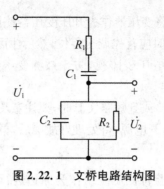

图 2.22.1　文桥电路结构图

如图 2.22.1 所示,电桥采用了两个电抗元件 C_1 和 C_2,因此,当输入电压 U_1 的频率改变时,输出电压 U_2 的幅度和相对于 U_1 的相位也随之而变,U_2 与 U_1 比值的模与相位随频率变化的规律称文桥电路的幅频特性与相频特性。本实验只研究幅频特性的实验测试方法。首先求出文桥电路的传输函数 $\dfrac{\dot{U}_2}{\dot{U}_1}=f(\omega)$,$\omega$ 为输入信号角频率。设 $R_1=R_2=R$,$C_1=C_2=C$。

$$Z_1=R+\frac{1}{\mathrm{j}\omega C},\quad Z_2=\frac{R}{1+\mathrm{j}\omega CR}$$

根据分压比写出 $\dot{U}_2$ 与 $\dot{U}_1$ 之比:

$$\frac{\dot{U}_2}{\dot{U}_1}=\frac{Z_2}{Z_1+Z_2}=\frac{\dfrac{R}{1+\mathrm{j}\omega CR}}{R+\dfrac{1}{\mathrm{j}\omega C}+\dfrac{R}{1+\mathrm{j}\omega CR}}$$

令 $\omega_0=\dfrac{1}{RC}$,代入 $\dfrac{\dot{U}_2}{\dot{U}_1}=\dfrac{1}{3+\mathrm{j}\left(\dfrac{\omega}{\omega_1}-\dfrac{\omega_0}{\omega}\right)}$

当 $\omega=\omega_0$ 时 $\left(\text{即 }f_0=\dfrac{1}{2\pi RC}\right)$

$$\frac{\dot{U}_2}{\dot{U}_1}=\frac{1}{3}$$

传输曲线如图 2.22.2 所示,由图可见,文桥网络有选频功能,广泛用于各种电子电路中。

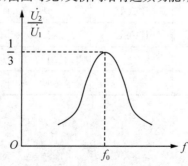

图 2.22.2　传输曲线

四、实验内容及步骤

1. 选定 $C_1=C_2=C=2~\mu F$(可用 D05 板上 $2\mu F$ 电容器组合),$R_1=R_2=R=500~\Omega$。

2. 计算 $f_0=\dfrac{1}{2\pi RC}$。

3. 输入端加入 5 V 变频电源电压,在不同频率时用 JDV-11 型交流电压表分别测量 $\dot{U}_1$ 与 $\dot{U}_2$ 的值,记录数据,作出幅频特性曲线。

表 2-22-1 测量数据

	$C_1=C_2=C=$_____μF					$R_1=R_2=R=$_____Ω				
f/f_0	0.1	0.2	0.4	0.6	0.8	1.0	1.2	1.4	1.6	1.8	2.0
f											
U_1											
U_2											
U_1/U_2											

五、实验注意事项

1. 由于信号源内阻的影响,在调节输出频率时,会使电路外阻抗发生改变,从而引起信号源输出电压电流发生变化,所以每次调频后,应重新调节输出幅度,使实验电路的输入电压保持不变。

2. 为消除电路内外干扰,要求毫伏表与信号源"共地"。

六、预习思考题

1. 根据电路参数,估算电路两组参数时的固有频率 f_0。

2. 推导 RC 串并联电路的幅频、相频特性的数学表达式。

七、实验报告

1. 依据测试数据,绘制幅频特性和相频特性曲线。

2. 取 $f=f_0$ 时的数据,验证是否满足 $U_O=U_i/3,\varphi=0$。

3. 总结分析本次实验结果。

2.23 三相对称与不对称交流电路电压、电流的测量

一、实验目的

1. 学会三相负载星形和三角形的连接方法,掌握这两种接法的线电压和相电压、线电流和相电流的测量方法。

2. 观察分析三相四线制中,当负载不对称时中线的作用。

3. 学会相序的测试方法。

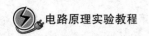
二、实验仪器及设备

序　号	仪器名称	规格(型号)	数　量	备　注
1	白炽灯		1	
2	交流电压表	JDV-11	1	
3	交流电流表	JDV-11	1	
4	功率表		1	
5	电工实验平台		1	

三、实验原理

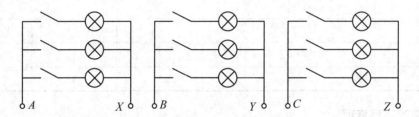

图 2.23.1　三相灯泡负载

将三相灯泡负载(图 2.23.1)各相的一端 X、Y 连接在一起接成中点,A、B、C(或 U、V、W)分别接于三相电源即为星形连接,这时相电流等于线电流,如电源为对称三相电压,则因线电压是对应的相电压的矢量差,在负载对称时它们的有效值相差 $\sqrt{3}$ 倍,即

$$U_1 = \sqrt{3} U_p$$

这时各相电流也对称,电源中点与负载中点之间的电压为零,如用中线将两中点之间连接起来,中线电流也等于零,如果负载不对称,则中线就有电流流过,这时如将中线断开,三相负载的各相相电压不再对称,各相电灯出现亮暗不同的现象,这就是中点位移引起各相电压不等的结果。

如果将图 2.23.1 的三相负载的 X 与 B、Y 与 C、Z 与 A 分别相连,再在这些连接点上引出三根导线至三相电源,即为三角形连接法。这时线电压等于相电压,但线电流为对应的两相电流的矢量差,负载对称时,它们也有 $\sqrt{3}$ 倍的关系,即 $I_1 = \sqrt{3} I_p$。

若负载不对称,虽然不再有 $\sqrt{3}$ 倍的关系,但线电流仍为相应的相电流矢量差,这时只有通过矢量图,方能计算它们的大小和相位。

在三相电源供电系统中,电源线相序确定是极为重要的事情,因为只有同相序的系统才能并联工作,三相电动机的转子的旋转方向也完全决定于电源线的相序,许多电力系统的测量仪表及继电保护装置也与相序密切有关。

确定三相电源相序的仪器称相序指示器,它实际上是一个星形连接的不对称电路,一相中接有电容 C,另两相分别接入相等的电阻 R(或两个相同的灯泡)如图 2.23.2 所示。

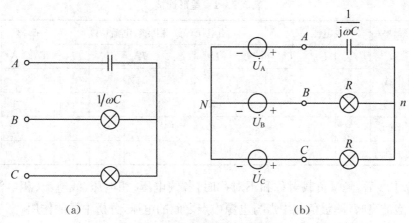

(a)   (b)

图 2.23.2 星形不对称电路

如果把图 2.23.2(a)的电路接到对称三相电源上,等效电路如图 2.23.2(b)所示,则如果认定接电容的一相为 A 相,那么,其余两相中相电压较高的一相必定是 B 相,相电压较低的一相是 C 相,B、C 两种电压的相差程度决定于电容的数值,电容可取任意值,在极限情况下 B、C 两相电压相等,即如果 $C=0$,A 相断开,此时 B、C 两相电阻串接在线电压上,如两电阻相等,则两相电压相同,如 $C=\infty$,A 相短路,此时,B、C 两相都接在线电压上,如电源对称,则两相电压也相同。当电容为其他值时,B 相电压高于 C 相,一般为便于观测,B、C 两相用相同的灯泡代替 R,如选择 $1/\omega C=R$,这时有简单的计算形式:

设三相电源电压为 $\dot{U}_{A}=U\angle 0°$,$\dot{U}_{B}=U\angle -120°$,$\dot{U}_{C}=U\angle 120°$,电源中点为 N,负载中点 N',两中点电压为:

$$\dot{U}_{NN'}=\frac{j\omega C\dot{U}_{A}+\dot{U}_{B}/R+\dot{U}_{C}/R}{j\omega C+1/R+1/R}=\frac{jU\angle 0°+U\angle -120°+U\angle 120°}{j+2}=(-0.2+j0.6)U$$

B 相负载的相电压:

$$\dot{U}_{BN'}=\dot{U}_{B}-\dot{U}_{NN'}=U\angle -120°-(-0.2+j0.6)U$$
$$=(-0.3-j1.47)U=1.5U\angle -105.5°$$

C 相负载的相电压:

$$\dot{U}_{CN'}=\dot{U}_{C}-\dot{U}_{NN'}=U\angle 120°-(-0.2+j0.6)U$$
$$=(-0.3-j0.266)U=0.4U\angle -138.4°$$

由计算可知,B 相电压较 C 相电压高 3.8 倍,所以 B 相灯泡较 C 相亮,亦即灯亮的一相,电源相序就可确定了。

四、实验内容及步骤

1. 将三相阻容负载按星形接法连接,接至三相对称电源。

2. 测量有中线时负载对称和不对称的情况下,各线电压、相电压、线电流、相电流和中线电流的数值,把数据记入表 2-23-1。

表 2-23-1　星形连接

负载状态	测量值	线电压(V)			相电压(V)、相(线)电流(A)						中线电流(A)	中点间电压(V)
		U_{AB}	U_{BC}	U_{CA}	U_A	U_B	U_C	I_A	I_B	I_C		
对称负载	有中线											
	无中线											
不对称负载	有中线											
	无中线											

3. 拆除中线后,测量负载对称和不对称时,各线电压、相电压、线电流、相电流的数值。观察各相灯泡的亮暗,测量负载中点与电源中点之间的电压,分析中线的作用。

4. 将三相灯泡接成三角形连接,测量在负载对称及不对称时的各线电压、相电压、线电流、相电流读数,记入表 2-23-2,分析它们相互间的关系。

5. 用两相灯泡负载与一相电容器组成一只相序指示器接上三相对称电源检查相序,并测量指示器各相电压、线电压、线电流及指示器中点与电源中点间的电压,记入表 2-23-3。

表 2-23-2　三角形连接

负载状态	测量值	线电压(V)			相电流(A)			线电流(A)			线电流/相电流		
		U_{AB}	U_{BC}	U_{CA}	I_{AB}	I_{BC}	I_{CA}	I_A	I_B	I_C	$\dfrac{I_A}{I_{AB}}$	$\dfrac{I_B}{I_{BC}}$	$\dfrac{I_C}{I_{CA}}$
对称负载													
不对称负载													

表 2-23-3　相序指示器

U_{AB}	U_{BC}	U_{CA}	U'_{AN}	U'_{BN}	U'_{CN}	I_A	I_B	I_C	$U_{NN'}$	R_B	R_C

五、实验注意事项

1. 注意三相电路的星形和三角形负载的连接方式。

2. 在负载星形连接时,中线断开和路线不断开的情况下,负载对称和负载不对称时,各相电压和相电流的测量值。

3. 在负载三角形连接时,负载对称和负载不对称的情况下,注意各电压和电流的测量。

六、预习与思考题

1. 在负载星形连接和三角形连接时,线电压、相电压、线电流和相电流之间具备什么样的关系?

2. 在三相四线制负载不对称电路中,若中线开路,各相电路将会发生如何变化?

3. 在三相四线制负载不对称电路中,若中线开路且 A 相也开路时,各相电路将会发生如何变化?

七、实验报告要求

1. 对三相对称负载和不对称负载电路的测量结果进行分析比较,并做出结论。

2. 在负载星形连接和三角形连接时,对其线电压、相电压、线电流和相电流的测量值进行分析和比较,得出结论。

3. 回答思考题。

2.24 三相电路电功率的测量

一、实验目的

1. 熟悉功率表的正确使用方法。

2. 掌握三相电路中有功功率的各种测量方法。

二、实验仪器及设备

序 号	仪器名称	规格(型号)	数 量	备 注
1	白炽灯		1	
2	交流电压表	JDV-11	1	
3	交流电流表	JDV-11	1	
4	功率表		1	
5	电工实验平台		1	

三、实验原理

1. 工业生产中经常碰到要测量对称三相电路与不对称三相电路的有功功率的测量问题。测量的方法很多,原则上讲,只要测出每相功率(即每相接一只功率表)相加就是三相总功率。但这种方法只在有对称三相四线制系统时才是方便的,如负载为三角形连接或虽为星形连接但无中线引出来,在这种情况下要测每相功率是比较困难的,因而除了在四线制不对称负载情况下不得不用三只瓦特表测量的方法外,常用下列其他方法进行测量。

2. 二瓦表法

在三线制不对称负载情况下常采用二瓦表法测量三相总功率,接线方式有三种,如图 2.24.1所示。以接法 1 为例证明二瓦表读数之和等于三相总功率:

$P_1 = \mathrm{Re}[\dot{U}_{AB}\dot{I}_A^*], P_2 = \mathrm{Re}[\dot{U}_{CB}\dot{I}_C^*],$

$P_1 + P_2 = \mathrm{Re}[\dot{U}_{AB}\dot{I}_A^* + \dot{U}_{CB}\dot{I}_C^*]$

$= \mathrm{Re}[(\dot{U}_A - \dot{U}_B)\dot{I}_A^* + (\dot{U}_C - \dot{U}_B)\dot{I}_C^*]$

$= \mathrm{Re}[\dot{U}_A\dot{I}_A^* + \dot{U}_C\dot{I}_C^* - \dot{U}_B(\dot{I}_A^* + \dot{I}_C^*)]$

$= \mathrm{Re}[\dot{U}_A\dot{I}_A^* + \dot{U}_C\dot{I}_C^* + \dot{U}_B\dot{I}_B^*]$

$= \mathrm{Re}[\bar{S}_A + \bar{S}_B + \bar{S}_C]$

$= \mathrm{Re}[\bar{S}]$

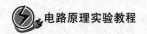

由于在三线制中 $\dot{I}_A + \dot{I}_B + \dot{I}_C = 0$

所以 $\dot{I}_B = -(\dot{I}_A + \dot{I}_C) \Rightarrow I_B^* = (I_A^* + I_C^*)$

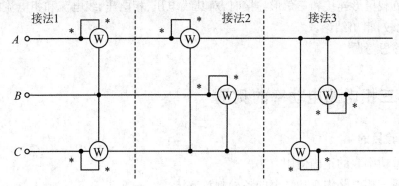

图 2.24.1　三种接线方法

瓦特表读数为功率的平均值

$$P = P_1 + P_2 = \frac{1}{T}\int_0^T (u_A i_A + u_B i_B + u_C i_C)\mathrm{d}t = P_A + P_B + P_C$$

$$= \frac{1}{T}\int_C^T (u_A i_A + u_B i_B + u_C i_C)\mathrm{d}t = P_A + P_B + P_C$$

如果电路对称,可作矢量图,如图 2.24.2 所示。

由图可得:

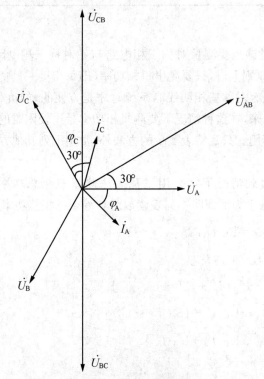

图 2.24.2　电路对称矢量图

$P_1 = U_{AB}I_A\cos(\varphi+30°)$，$P_2 = U_{CB}I_C\cos(\varphi-30°)$

因为电路对称，所以 $U_{AB} = U_{BC} = U_{CA} = U_1$，$U_1$ 为线电压，$I_A = I_B = I_C = I_1$，I_1 为线电流。

$P_1 = U_1 I_1\cos(\varphi+30°)$，$P_2 = U_1 I_1\cos(\varphi-30°)$，利用三角等式变换可得：$P_1+P_2 = \sqrt{3}U_1 I_1\cos\varphi$。

下面讨论几种特殊情况：

①$\varphi=0$ 可得 $P_1=P_2$，读数相等；

②$\varphi=\pm60°$，$\varphi=+60°$可得 $P_1=0$，$\varphi=-60°$可得 $P_2=0$；

③$|\varphi|>60°$，$\varphi>60°$可得 $P_1<0$，$\varphi<-60°$可得 $P_2<0$。

在最后一种情况下有一瓦特表指针反偏，这时应该将瓦特表电流线圈两个端子对调，同时读数应算负值。

3. 三相无功功率的测量

（1）二瓦表法：这种方法与二瓦表测三相有功功率接线相同但测无功功率只能用于负载对称的情况下：

$P_2-P_1 = U_1 I_1\left[\cos(\varphi-30°)-\cos(\varphi+30°)\right] = U_1 I_1\sin\varphi$，所以三相无功功率为：

$Q = \sqrt{3}U_1 I_1\sin\varphi = \sqrt{3}(P_2-P_1)$

（2）一瓦表法：适用三线制对称负载，接线如图 2.24.3 所示。

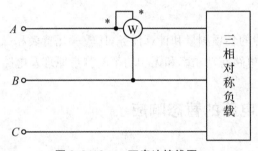

图 2.24.3　一瓦表法接线图

四、实验内容及步骤

1. 用一瓦表法测量三相四线制不对称负载的三相有功功率。

2. 用二瓦表法测量三相三线制不对称负载的三相有功功率。

3. 所测数据列表。

三相对称负载用灯泡组成，不对称负载可在各相用不同数量的灯泡。

表 2-24-1　一瓦表法测三相四线制不对称负载功率

读 数 负载形式	A 相负载（灯泡功率×数量）	B 相负载（灯泡功率×数量）	C 相负载（灯泡功率×数量）	P_A	P_B	P_C	$P=P_A+P_B+P_C$
三相四线制 不对称负载							

表 2-24-2　二瓦表法测三相三线制不对称负载有功功率

（如实验中只有一只瓦特表则可分两次测量）

读 数　　负载形式	A相负载（灯泡功率×数量）	B相负载（灯泡功率×数量）	C相负载（灯泡功率×数量）	P_1	P_2	$P=P_1+P_2$
三相三线制不对称负载						

五、实验注意事项

1. 每次实验完毕，均需将三相调压器旋柄调回零位。

2. 每次改变接线，均需断开三相电源，以确保人身安全。

六、预习思考题

1. 复习二瓦特表法测量三相电路有功功率的原理，画出瓦特表另外两种连接方法的电路图。

2. 复习一瓦特表法测量三相对称负载无功功率的原理，画出瓦特表另外两种联接方法的电路图。

七、实验报告

1. 完成数据表格中的各项测量和计算任务，比较一瓦特表和二瓦特表法的测量结果。

2. 总结、分析三相电路有功功率和无功功率的测量原理及电路特点。

2.25　一阶 *RC* 电路的暂态响应

一、实验目的

1. 测定一阶 *RC* 电路的零状态响应和零输入响应，并从响应曲线中求出 *RC* 电路时间常数 τ。

2. 熟悉用一般电工仪表进行上述实验测试的方法。

二、实验仪器及设备

序　号	仪器名称	规格（型号）	数　量	备　注
1	直流稳压电源		1	
2	直流电压表	ZVA-1	1	
3	直流电流表	ZVA-1	1	
4	双踪示波器		1	
5	电工实验平台		1	

三、实验原理

如图 2.25.1 所示电路的零状态响应为：

$$i=\frac{U_S}{R}e^{-\frac{t}{\tau}} \quad t\geqslant 0_+ , u_C=U_S(1-e^{-\frac{t}{\tau}}) \quad t\geqslant 0_+$$

式中：$\tau=RC$ 是电路的时间常数。

如图 2.25.2 所示电路的零输入响应为：

$$i=\frac{U_S}{R}e^{-\frac{t}{\tau}} \quad t\geqslant 0_+ , u_C=U_Se^{-\frac{t}{\tau}} \quad t\geqslant 0_+$$

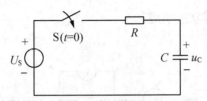

图 2.25.1 一阶段电路零状态响应电路

在电路参数、初始条件和激励都已知的情况下，上述响应的函数式可直接写出。如果用实验方法来测定电路的响应，可以用示波器等记录仪器记录响应曲线。但如果电路时间常数 τ 足够大（如 20 秒以上），则可用一般电工仪表逐点测出电路在换路后各给定时刻的电流或电压值，然后画出 $i(t)$ 或 $u_C(t)$ 的响应曲线。

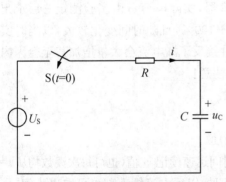

图 2.25.2 一阶电路零输入响应电路

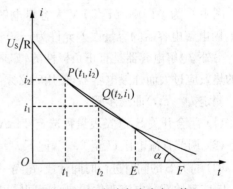

图 2.25.3 实验方法确定 τ 值

根据实验所得响应曲线，确定时间常数 τ 的方法如下：

（1）在图 2.25.3 中曲线任取两点 (t_1,i_1) 和 (t_2,i_2)，由于这两点都满足关系式：

$$i=\frac{U_S}{R}e^{-\frac{t}{\tau}} \quad t\geqslant 0_+$$

所以可得时间常数：

$$\tau=\frac{t_2-t_1}{\ln(i_2/i_1)}$$

（2）在曲线上任取一点 D，作切线 $\overline{DF}$ 及垂线 $\overline{DE}$，则次切距为

$$\overline{EF}=\frac{\overline{DE}}{\mathrm{tg}\alpha}=\frac{i}{(-\mathrm{d}i/\mathrm{d}t)}=\frac{i}{i\left(\frac{1}{\tau}\right)}=\tau$$

（3）根据时间常数的定义也可由曲线求 τ。对应于曲线上 i 减小到初值 $I_0 = U_S/R$ 的 36.8% 时的时间即为 τ。

t 为不同 τ 时 i 为 I_0 的倍数如表 2-25-1 所示。

表 2-25-1　t 为不同 τ 时 i 与 I_0 的关系

t	1τ	2τ	3τ	4τ	5τ	…	∞
i	$0.368I_0$	$0.135I_0$	$0.050I_0$	$0.018I_0$	$0.007I_0$	…	0

四、实验内容及步骤

1. 测定 RC 一阶电路零状态响应

接线如图 2.25.4 所示。

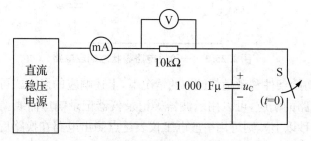

图 2.25.4　*RC* 一阶电路零状态响应实验电路

图中 C 为 >1 000 μF/50 V 大容量电解电容器，实际电容量由实验测定 τ 后求出 $C = \tau/R$，因电解电容器的容量误差允许为 -50% 至 $+100\%$，且随时间变化较大，以当时实测为准。另外，电解电容器是有正负极性的，如果极性接反了漏电流会大量增加甚至会因内部电流的热效应过大而炸毁电容器，使用时必须特别注意！

测定 $i_C = f(t)$ 曲线步骤：

（1）闭合开关 S，毫安表量程选定 2 mA。

（2）调节直流电压 U 至 20 V，记下 $i_C = f(0)$ 值。

（3）打开 S 的同时进行时间计数，每隔一定时间迅速读记 i_C 值（也可每次读数均从 $t = 0$ 开始），响应起始部分电流变化较快时间间隔可取 5 秒，以后电流缓变部分可取更长间隔（计时器可用手表）。

为了能较准确直接读取时间常数 τ，可重新闭合开关 S，并先计算好 $0368 i_C(0)$ 的值，打开后 S 读取电流表在 $t = \tau$ 时的值。

表 2-25-2　　实验结果

U			R		C		$i_C(0)$	
T								
i_C(mA)								
直接测定 τ		曲线两点计算 τ		次切距计算 τ		平均 τ		

测定 $u_C = f(t)$ 曲线步骤：

在 R 上并联 JDV-21 直流电压表，量程 20 V，闭合 S，使 $U = 20$ V，并保持不变，打开 S 的同时进行时间记数，方法同上，计算 $u_C = u - u_R$。

表 2-25-3　实验结果　　　　$U = \underline{\qquad}$ V

T	0							
U_R(V)								
U_C(V)			——					
直接测量 τ		曲线两点计算 τ		次切距计算 τ			平均 τ	

2. 测定 RC 一阶电路零输入响应

接线图 2.25.5 所示。

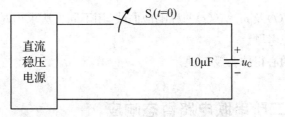

图 2.25.5　RC 一阶电路零输入响应实验电路

V 表为 JDV-21 直流电压表，其各量程内阻均为 4 MΩ，电阻的精度 0.1%。

测定 $i_C = f(t)$ 及 $u_C = f(t)$ 曲线步骤：

闭合 S，调节 $U = 20$ V，打开 S 的同时进行时间计数，方法同上，计算 $i_C = U_C / R_V = U_C / 4$ MΩ。

表 2-25-4　实验结果

U				R_S			R		
T	0								
U_C(V)									
I_C(mA)									

五、实验注意事项

1. 调节电子仪器各旋钮时，动作不要过猛。实验前，需熟读双踪示波器的使用说明，特别是观察双踪时，要特别注意哪些开关、旋钮的操作与调节。

2. 信号源的接地端与示波器的接地端要连在一起(称共地)，以防外界干扰而影响测量的准确性。

3. 示波器的辉度不应过亮，尤其是光点长期停留在荧光屏上不动时，应将辉度调暗，以延长示波管的使用寿命。

4. 熟读仪器使用说明，做好实验预习，准备好画图用的方格纸。

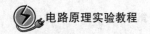

六、预习思考题

1. 什么样的电信号可作为 RC 一阶电路零输入响应、零状态响应和完全响应的激励信号?

2. 已知 RC 一阶电路 $R=30\ \text{k}\Omega$, $C=0.01\ \mu\text{F}$, 试计算时间常数 τ, 并根据 τ 值的物理意义, 拟定测量 τ 的方案。

3. 何谓积分电路和微分电路, 它们必须具备什么条件? 它们在方波序列脉冲的激励下, 其输出信号波形的变化规律如何? 这两种电路有何功用?

七、实验报告要求

1. 根据实验观测结果, 在方格纸上绘出 RC 一阶电路充放电时 $U_C(t)$ 的变化曲线, 由曲线测得 τ 值, 并与由参数值的计算结果作比较, 分析误差原因。

2. 根据实验观测结果, 归纳、总结积分电路和微分电路的形成条件, 阐明波形变换的特征。

3. 绘制 $i_C=f(t)$ 及 $u_C=f(t)$ 两种响应曲线, 用不同方法求出时间常数 τ, 加以比较。

4. 回答预习思考题。

5. 本次实验的心得体会及其他。

2.26 *RLC* 二阶串联电路暂态响应

一、实验目的

1. 了解电路参数对 RLC 串联电路暂态响应的影响。

2. 进一步熟悉利用示波器等电子仪器测量电路暂态响应的方法。

二、实验仪器及设备

序　号	仪器名称	规格(型号)	数　量	备　注
1	直流稳压电源		1	
2	直流电压表	ZVA-1	1	
3	直流电流表	ZVA-1	1	
4	双踪示波器		1	
5	电工实验平台		1	

三、实验原理

RLC 串联电路, 无论是零输入响应, 或是零状态响应, 电路过渡过程的性质, 完全由特征方程 $LCP^2+RCP+1=0$ 的特征根: $P_{1,2}=-\dfrac{R}{2L}\pm\sqrt{\left(\dfrac{R}{2L}\right)^2-\left(\dfrac{1}{LC}\right)^2}=\delta\pm\sqrt{\delta^2-\omega_0^2}$ 来决定, 式中

$$\delta=R/2L \quad \omega_0=1/\sqrt{LC}$$

（1）如果 $R>2\sqrt{\dfrac{L}{C}}$，则 $P_{1,2}$ 为两个不相等的负实根，电路过渡过程的性质为过阻尼的非振荡过程。

（2）如果 $R=2\sqrt{\dfrac{L}{C}}$，则 $P_{1,2}$ 为两不相等的负实根，电路过渡过程的性质为临界阻尼过程。

（3）如果 $R<2\sqrt{\dfrac{L}{C}}$，则 $P_{1,2}$ 为一对共轭复根，电路过渡过程的性质为欠阻尼的振荡过程。

改变电路参数 R、L 或 C，均可使电路发生上述几种不同性质的过程。

从能量变化的角度来说明，由于 RLC 电路中存在着两种不同性质的贮能元件，因此它的过渡过程就不仅是单纯的积累能量和放出能量，还可能发生电容的电场能量和电感的磁场能量互相反复交换的过程，这一点决定于电路参数。当电阻比较小时（该电阻应是电感线圈本身的电阻和回路中其余部分电阻之和）。电阻上消耗的能量较小，而 L 和 C 之间的能量交换占主导位置。所以电路中的电流表现为振荡过程，当电阻较大时，能量来不及交换就在电阻中消耗掉了，使电路只发生单纯的积累或放出能量的过程，即非振荡过程。

在电路发生振荡过程时，其振荡的性质也可分为三种情况：

（1）衰减振荡：电路中电压或电流的振荡幅度按指数规律逐渐减小，最后衰减到零。

（2）等幅振荡：电路中电压或电流的振荡幅度保持不变，相当于电路中电阻为零，振荡过程不消耗能量。

（3）增幅振荡：此时电压或电流的振荡幅度按指数规律逐渐增加，相当于电路中存在负值电阻，振荡过程中逐渐得到能量补充。所以，RLC 二阶电路瞬态响应的各种形式与条件可归结如下：

① $R>2\sqrt{\dfrac{L}{C}}R$，非振荡过阻尼状态

② $R=2\sqrt{\dfrac{L}{C}}R$，非振荡临界阻尼状态

③ $R<2\sqrt{\dfrac{L}{C}}$，衰减振荡状态

④ $R=0$，等幅振荡状态

⑤ $R<0$，增幅振荡状态

必须注意，最后两种状态的实现，电路中需接入负电阻元件。

四、实验内容及步骤

（1）实验接线如图 2.26.1 所示。

图中 L、C、R 均为电感、电容、电阻元件，改变电阻的参数可获得各种响应状态。信号发生器的输出接地端与示波器的输出接地端连接。振荡电路中电流 I 在 R 上产生取样信号电压加于示波器的 Y 输入端即能观察测量 $i=f(t)$ 的波形与数值。

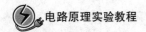

测定 RLC 电路非振荡临界响应时,必须仔细观察振荡电流是否经过最大值后逐渐衰减至零,如果电流衰减中有变向至负值再衰减为零说明还是振荡状态。

(2) 选信号源方波频率为 500 Hz,输出幅度 2 V 固定不变,L 可用互感器原边或副边线圈,如需改变电感量可将线圈顺向串联。C 选用 $0.2~\mu F$,R 用电阻箱可在 $100~\Omega \sim 1~k\Omega$ 范围内改变,观察并描绘 $R < 2\sqrt{\dfrac{L}{C}}$,$R = 2\sqrt{\dfrac{L}{C}}$ 以及 $R > 2\sqrt{\dfrac{L}{C}}$ 的响应波形。

(3) 观察 RL 及 RC 一阶电路的瞬态响应,并分析它们的特点。

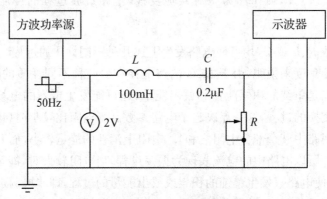

图 2.26.1 RLC 二阶电路实验电路

五、实验注意事项

1. 用示波器定量测量时,微调旋钮应置"校准"位置。

2. 要细心、缓慢地调节变阻器 R,找准临界阻尼和欠阻尼状态。

3. 观察双踪时,应设法使显示稳定。

六、预习思考题

1. 根据二阶电路元件的参数,事先计算出临界阻尼状态的 R 之值。

2. 如何在示波器上测得二阶电路零输入响应欠阻尼状态的衰减常数 α 和振荡频率 ω_d?

七、实验报告

1. 根据观测结果,在方格纸上描绘二阶电路过阻尼、临界阻尼和欠阻尼的响应波形。

2. 测算欠阻尼振荡曲线上的 α 与 ω_d。

3. 归纳、总结电路元件参数的改变,对响应变化趋势的影响。

4. 根据实验数据按比例绘出 RLC 串联二阶电路 $R < 2\sqrt{\dfrac{L}{C}}$,$R = 2\sqrt{\dfrac{L}{C}}$ 以及 $R > 2\sqrt{\dfrac{L}{C}}$ 时的响应曲线,并加以分析比较。

5. 绘出 RC、RL 一阶电路的瞬态响应曲线,并分析比较它们特点。

6. 回答预习思考题。

7. 本次实验的心得与体会。

2.27　电路有源器件——运算放大器的特性与应用

一、实验目的

1. 从电路原理角度来了解一种有源器件——运算放大器的外部特性。
2. 熟悉几种由运算放大器组成的有源电路。
3. 学会有源器件的基本测试方法。

二、实验仪器及设备

序　号	仪器名称	规格(型号)	数　量	备　注
1	直流稳压电源		1	
2	直流电压表	ZVA-1	1	
3	直流电流表	ZVA-1	1	
4	集成运算放大器		1	
5	电工实验平台		1	

三、实验原理

运算放大器是一种具有极高的放大倍数(A),极高的输入阻抗和极小的输出阻抗的放大器,本实验选用的运算放大器是一种线性集成电路。

运算放大器具有一个输出端和两个输入端:同相输入端,其输入电压的极性与输出电压的极性相同,此端通常用符号"＋"表示,反相输入端,其输入电压的极性与输出电压的极性相反,此端通常用符号"－"表示。这里的输入电压和输出电压的极性都是对运算放大器的接地端讲的。从电路原理观点来看,我们所关心的只是其端口特性,对其内部结构则不加讨论。为了突出基本的实验内容,实验板上只有同相、反相输入端、输出端和接地端,实验时只需连接电路元件即可。运算放大器的符号如 2.27.1 所示,如以 u_i 为输入电压,而以 u_o 为输出电压,则由同相端输入电压 u_+ 时,$u_o = Au_+$,而由反相端输入电压 u_- 时,$u_o = -Au_-$,A 为运算放大器的放大倍率。显然,若两个输入端都有电压输入,则 $u_o = A(u_+ - u_-)$,由于运算放大器的 A 很高,所以通常 $u_+ - u_- = 0$,应用这样的放大器可以组成各种有源电路,下面说明本实验中欲试验的几种电路。

(1) 比例器

图 2.27.2 是一种比例器的电路。显然,$i_1 = (u_i - u_-)/R$,$i_2 = (u_- - u_o)/R_f$。

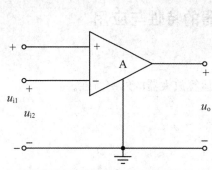

图 2.27.1　运算放大器符号

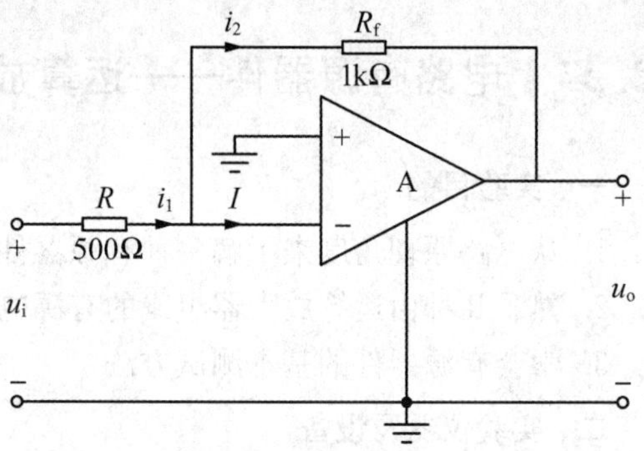

图 2.27.2　反相比例电路

由于运算放大器的输入阻抗极高，分析时可以认为 $i \approx 0$，因而 $i_i = i_2$ 即 $(u_i - u_-)/R = (u_- - u_o)/R_f$。又因放大倍数 A 极高，故 $u_- = -u_o/A \approx 0$，所以：

$$\frac{u_i}{u_o} = \frac{R_f}{R}$$ 输入可以是交流电压，也可以是直流电压。

图 2.27.3 是比例器的另一种电路，显然：$u = \dfrac{R_1}{R_1 + R_f} u_o$ 与 $u_o = A(u_i - u)$

故 $u_o = A\left(u_i - \dfrac{R_1}{R_1 + R_f} u_o\right)$，由此可导出 $u_o = \dfrac{u_i}{\dfrac{1}{A} + \dfrac{R_1}{R_1 + R_f}}$

由于 A 极高，故 $u_o = \dfrac{R_1 + R_f}{R_1} u_i = \left(1 + \dfrac{R_f}{R_1}\right) u_i$

图 2.27.2 是一个反相输入的比例器，而图 2.27.3 是同相输入的比例器。实验中 u_i 可用直流稳压电源供给。

（2）加法（或减法）器

图 2.27.4 是由反相输入的比例器稍加修改而成的加法器。图中 $i_1 = \dfrac{u_{i1} - u}{R_1}$，$i_2 = \dfrac{u_{i2} - u}{R_2}$，而 $i_f = \dfrac{u_0 - u}{R_f}$。

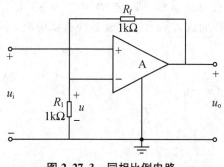

图 2.27.3　同相比例电路

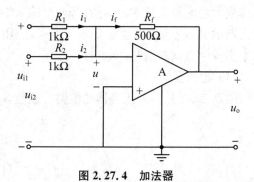

图 2.27.4　加法器

根据前述的运算放大器的基本性质 $i \approx 0$，$u \approx 0$，代入上面的关系式，再利用基氏第一定律可得：

$$\frac{u_{i1}}{R_1} + \frac{u_{i2}}{R_2} = -\frac{u_o}{R_f}$$

当电压输入信号极性相反时,则运算放大器输出端得到它们相减的数值。

实验线路如图 2.27.5 所示。

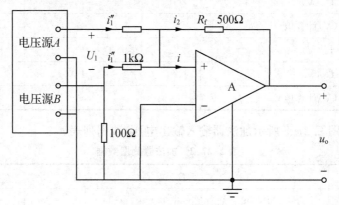

图 2.27.5 减法电路

图中两个电压源同时通过 R_1 及 R_2 作用在运算放大器上,其输出端可得到两电压相加的数值。

（3）电流电压变换器

实际应用中往往要把一个具有极高串联内阻的电流信号源变换成具有极低串联内阻的电压信号源,例如要把光电管产生的电流信号变换成电压源信号,利用运算放大器可方便地实现这种线性变换的要求,实验线路如图 2.27.6 所示。

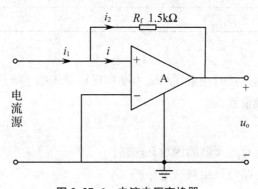

图 2.27.6 电流电压变换器

图中由电流源输入电流 i_i,因为 $i \approx 0$,所以 $i_2 = i_1$,输出电压 $u_o = -i_2 R_f = -i_1 R_f = k i_1$,即输出电压决定于输入电流而与负载无关。

四、实验内容及步骤

（1）测量同相比例器与反相比例器的输入输出电压,数据列表。

表 2-27-1　比例器测量数据

$R_f =$ _____ Ω		$R_1 =$ _____ Ω					
反相 比例器	U_i(V)	1	2	3	−1	−2	−3
	U_o(V)						
	U_o(V)计算值						
同相比 例器	U_i(V)	1	2	3	−1	−2	−3
	U_o(V)						
	U_o(V)计算值						

（2）测量如图 2.27.5 所示加法器输入输出电压，数据列表。

表 2-27-2　加法器测量数据

电路参数	$R_1 =$ _____ Ω		$R_2 =$ _____ Ω		$R_f =$ _____ Ω	
U_i(V)	1	2	3	−1	−2	−3
U_o(V)	0.5	1	1.5	−0.5	−1	−1.5
U_o(V)						
U_o 计算值						

（3）测量电流电压变换器的输入输出电压电流，数据列表。

表 2-27-3　电流电压变换器测量数据

$I \rightarrow U$ 变换器	$R_f = 1\ \mathrm{k}\Omega$	I(mA)	1	2	3	−1	−2	−3
		U_o(V)						

五、实验注意事项

1. 集成运算放大器连接时注意同相输入端和反相输入端不要连接错误。

2. 注意选择各仪表量程。

六、预习思考题

1. 正确理解集成运算放大器的虚短和虚断。

2. 如何根据加法电路设计出减法电路？

七、实验报告要求

1. 完成实验内容规定测试任务，数据列表分析。

2. 运算放大器作为两端口电路元件，通过实验简要总结对它的认识。

3. 回答预习思考题。

4. 本次实验的心得与体会。

2.28 负阻抗变换器的应用

一、实验目的

1. 熟悉 NIC 用在 RLC 串联二阶电路中脉冲方波响应的基本特性及实验测试方法。
2. 了解负阻振荡器概念。
3. 熟悉常用电子仪器的基本使用操作方法。

二、实验仪器及设备

序 号	仪器名称	规格(型号)	数 量	备 注
1	函数发生器		1	
2	电压表	ZVA-1	1	
3	电流表	ZVA-1	1	
4	双踪示波器		1	
5	电工实验平台		1	

三、实验原理

由电路理论可知 RLC 串联电路在脉冲方波激励下的零状态响应及脉冲方波截止时的零输入响应的性质完全由电路本身的参数来决定,在一般情况下只有三种响应性质:

① $R_S > 2\sqrt{L/C}$,非振荡过阻尼状态

② $R_S = 2\sqrt{L/C}$,临界阻尼状态

③ $R_S < 2\sqrt{L/C}$,欠阻尼减幅振荡状态

式中 R_S 为串联电路总电阻。

如果在 RLC 串联电路中再接入一个负电阻,则调节负阻的大小,还可以使电路响应出现下面两种状态:

④ $R'_S = R_S + (-R) = 0$,零阻尼等幅振荡状态

⑤ $R'_S < 0$,负阻尼增幅振荡状态

图 2.28.1 为原理线路图,B、E 右边是 RLC 串联二阶电路,左边是负电阻与方波信号源串联电路,$-R$ 也可看成方波信号源的负值内阻,如将 R 两端电压降连接到示波器 Y 轴偏转板,当调节 $-R$ 为不同值时就可观察到各种性质振荡电流波形。

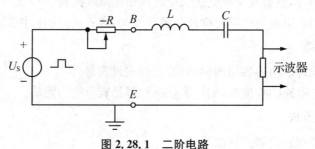

图 2.28.1 二阶电路

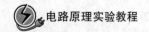

如果$-R>R_S$,并将U_S去掉后用导线短路,则整个电路在负阻作用下将产生稳定的等幅振荡,振荡频率由L、C参数决定,幅度由$-R$大小决定,这就是负阻振荡器的基本原理。

四、实验内容及步骤

1. 按图2.28.2所示线路接线,图中U_S为直流电压源,R_S为负阻调节电阻可在500 Ω左右调节,ES为500 Hz电子开关,L为互感器原边线圈,A、B两点左面可等效为一个可变负阻器。

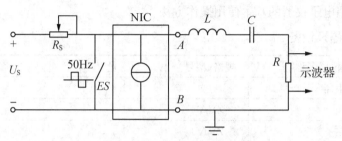

图2.28.2 实验电路

2. 调节负阻值,使RLC二阶电路产生各种性质的电流振荡过程并描绘出振荡曲线。

3. 实验方法

调节稳压源电压为3 V,极性如图2.28.2所示不能接反,否则方波不起作用。根据串联RLC回路总电阻值调节R_S使其大致相等,这时可在示波器上观察到回路振荡电流波形,再细调R_S,使波形稳定且根据R_S与R的差值大小显示各种性质的振荡。当ES闭合时电路产生零输入响应,零输入响应因无负阻串入所以只有减幅振荡。为了使显示波形稳定必须使两种响应完全分离,即零输入响应结束时才加入激励,零状态响应结束时电子开关ES才闭合,图中所示参数能够达到这一要求。

应该注意的一点是负阻不要超过"正阻"过大,否则振荡幅度增加过快,负阻器很快达到最大电压而饱和,这样就观察不到增幅过程。

另外,如果负阻超过"正阻"过大,而未接电子开关,则在示波器上只能看到饱和幅度的等幅振荡。

五、注意事项

1. 整个实验中应使方波激励源输出小于5 V。

2. 在观测二阶电路响应波形时,回路总电阻的调整应从大到小,在接近无阻尼和负阻尼情况时,要仔细调节R_S或Y_L,以便观察到其响应轨迹。

3. 实验过程中,示波器及交流毫伏表电源线使用两线插头。

4. 因器件内都难以避免的不对称性和温升变化,会直接影响器件工作的准确性。

六、预习思考题

1. 预习实验原理说明的各项内容,列好数据记录表格。

2. 在研究二阶电路的响应时,如何确认激励源具有负的内阻值。

七、实验报告要求

1. 整理实验数据并绘制特性曲线。

2. 画出二阶电路无阻尼和负阻尼响应波形。

3. 回答预习思考题。

4. 总结本次实验的收获与体会。

2.29 回转器的应用

一、实验目的

1. 熟悉回转器的交流特性及其应用。

2. 掌握测试方法。

3. 学会常用电子仪器使用方法。

二、实验仪器及设备

序 号	仪器名称	规格(型号)	数 量	备 注
1	函数发生器			
2	电压表	ZVA-1		
3	电流表	ZVA-1		
4	双踪示波器			
5	电工实验平台			

三、实验原理

回转器是线性元件,从其特性方程可知它能进行阻抗逆变,把电容元件线性地转换成电感元件,且可得到极大的电感量和很高的电感纯度,因此它广泛应用在交流信号系统中作各种滤波器电感以及各种振荡回路中的电感。理论上回转器使用频率范围不受限制,实际上受组成回转器的元器件特性所限,目前只能用于低频场合。

本实验利用回转电感与电容元件组成谐振电路进行并联谐振实验测试。

回转器 $2-2'$ 端接一只 $0.2~\mu F$ 电容,经回转器转换后在 $1-1'$ 端来看相当于一只电感元件,其电感量 $L=CR_0^2=0.2\times10^{-6}\times10^6=0.2~H$。若在 $1-1'$ 端口再并联一只电容元件 $C_2=1~\mu F$,这样就组成了并联 LC 谐振回路,如果外加一个可变频率的交流电流信号源,那么当信号源频率变化时其输入电流就会随频率变化,在电源频率等于谐振回路固有频率 $f_0=\dfrac{1}{2\pi\sqrt{LC}}$ 时,就产生并联谐振,输入电流达最小值,回路端电压达最大值。由于实际交流信号源都是电压信号源,输出阻抗较小,因此在实验中信号源与谐振回路之间串联一只大电阻近似作为电流信号源。输入电流用测量该电阻两端电压求得。示波器用来观察谐振回路的振荡波形。谐振时达最大值。

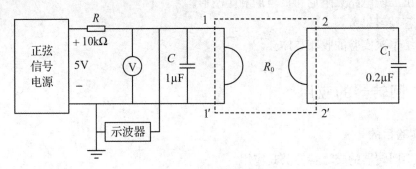

图 2.29.1　回转器电路

四、实验内容及步骤

1. 按图 2.29.1 接线,低频信号源输出电压调至 5 V。

2. 调节信号源振荡频率使电压表指示值最大,电路达到谐振状态,信号源输出信号的频率即为谐振电路的固有频率 f_0。

3. 以 f_0 为中心,向 $f > f_0$ 及 $f > f_0$ 两边改变信号源频率,从电压表上读出对应的电压值,每改变一次信号源频率后必须调整它的输出电压保持 5 V 不变,信号源的频率范围从 50 Hz 到 500 Hz 之间改变即可。

4. 数据列表。

表 2-29-1　并联谐振电路参数

信号源电压			C_1		C_2	回转电感			f_0 计算值	
$f(Hz)$	50									500
$U_1(V)$										

五、实验注意事项

1. 回转器采用集成电路组合而成,使用电压与电流有一定范围,任何情况下都不要使外加电压及输入电流超过 ±5 V 及 ±5 mA(有效值)。

2. 测试谐振曲线时必须注意示波器显示波形是否为正弦波,当波形畸变时测试的任何数据都不准确。一般情况如信号输出端波形正常时只有在外加电压或输入电流超过 ±5 V 或 ±5 mA 时才会使波形畸变。

3. 回转器的正常工作条件是 u_1, i_1 的波形必须是正弦波,为避免运放进入饱和状态使波形失真,所以输入电压不宜过大,一般取 $U_s \leqslant 3$ V。

4. 实验过程中,示波器及交流毫伏表电源线使用两线插头。

六、预习思考题

1. 预习原理说明部分的内容。

2. 列解方程,推导回转器的端口特性。

3. 在做 RLC 并联谐振实验时,如何判断电路是否处于谐振状态?

七、实验报告要求

1. 完成各项规定的实验内容(测试、计算、绘曲线等)。

2. 根据实验数据计算回转器的回转电阻,并与理论值作比较。

3. 从各实验结果中总结回转器的性质、特点和应用。

2.30　三相鼠笼式异步电动机的使用与起动

一、实验目的

1. 熟悉三相鼠笼式异步电动机结构和额定值。

2. 学习检验异步电动机绝缘情况的方法。

3. 学习三相鼠笼式异步电动机的起动和反转方法。

二、实验仪器及设备

序　号	仪器名称	规格(型号)	数　量	备　注
1	控制电路板			
2	三相异步电动机			
3	500 型万用表			
4	电工实验平台			

三、实验原理

三相鼠笼式异步电动机具有结构简单、工作可靠、维护方便、价格低廉等优点。为目前应用最广的电动机。它是基于定子与转子间的相互电磁作用。把三相交流电能转换为机械能的旋转电机。

三相鼠笼式异步电动机的基本构造有定子和转子两大部分。

定子主要由定子铁心、三相对称定子绕组和机座等组成,是电动机的静止部分。三相定子绕组一般有六根引出线,出线端装在机座外面的接线盒内,如图 2.30.1 所示。在各相绕组的额定电压已知的情况下,根据相电源电压的不同,三相定子绕组可以接成星形(Y)或三角形($\triangle$),然后与电源相连。当定子绕组通以三相电流时,便在其内产生一幅值不变的旋转磁场,其转速 n(称同步转速)决定于电源频率 f 和电机三相绕组。

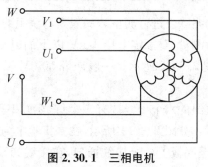

图 2.30.1　三相电机

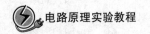

构成的磁极对数 P,其间关系为:

$$n_1 = \frac{60 \times f}{P}(转/分)$$

旋转方向与三相电流的相序一致。

转子主要由转子铁心、转轴、鼠笼式转子绕组、风扇式转子绕组、风扇等组成,是电动机的旋转部分,小容量鼠笼式异步电动机的转子绕组大都采用铝浇铸而成,冷却方式一般都采用扇冷式。在旋转磁场的作用下,转子感应电动势和电流,从而产生一旋转力矩,驱动机械负载旋转,将定子绕组从电源取得电能转换成轴上输出的机械能,转子的旋转方向与磁场的转向一致,转速 n 始终低于旋转磁场的转速 n_1,即 $n < n_1$,故称异步电动机。

三相鼠笼式异步电动机的额定值标记在电动机铭牌上,表 2-30-1 为本实验异步电动机的铭牌,其中:

(1) 型号:电动机的机座式、转子类型和极数。

(2) 功率:额定运行情况下,电动机轴上输出的额定机械功率。

(3) 电压:额定运行情况下,定子的三相绕组应加的额定电源线电压。

(4) 电流:额定运行情况下,当电动机输出额定功率时,定子电路的额定线电流。

表 2-30-1 三相交流鼠笼式异步电动机参数

型号	AO25614	电压	380 V	接法	△连接
功率	60 W	电流	0.28 A		
转速	1 460 r/min	功率因数	0.85		
频率	50 Hz	绝缘等级	E 级		

任何电气设备必须安全可靠使用,这和它导线之间及导电部分与地(机壳)之间的绝缘情况有关,所以在安装与使用电动机之前,一定要检查绝缘情况,就是在使用期间也应做定期的检查。

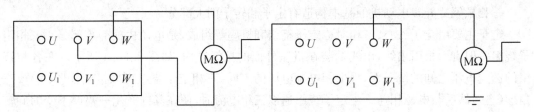

图 2.30.2 兆欧表测量电动机绝缘电阻

电动机的绝缘电阻可用兆欧表进行测量。一般是对绕组的相间绝缘电阻及绕组与铁心(机壳)之间的绝缘电阻进行测量,对额定电压 1 kV 以下的电动机,其绝缘电阻值最低不得小于 1 000 Ω,测量方法如图 2.30.2 所示。一般来说 500 V 以下的中小型电动机最低应具有 0.5 MΩ 的绝缘电阻。

异步电动机三相定子绕组的六个出线端有三个首(始)和三个末(尾)端,首端标以 U、V 和 W,末端标以 U_1、V_1 和 W_1,如图 2.30.1 所示,在本实验中为便于电机引出线与外部设备连接起见,已将接线端连接至底板上 6 个接线插口,在接线如果没有按照首、末端的标记正确连接,则电动机可能起动不了,或引起绕组发热、振动、有噪音,甚至电动机不能起动并因过热而烧毁。若由于某种原因定子绕组六个出线端标记无法辨认时,则可以通过以下实验方法来判别其首、末端(即同名端)。方法如下:

　　用指针式万用表欧姆档从六个出线端中确定哪一对引出线是属于同一相的,分别找出三相绕组。再确定某绕组为 U 相,并将其中二个出线端标以符号 U 和 U_1。把 U 相绕组末端 U_1 和任意另一绕组(设绕组 $V-V_1$)串联起来,并通过开关和一节干电池连接,如图 2.30.3所示。第三绕组(绕组 $W-W_1$)两端与万用电表的表笔相接触,并将万用表的选择开关转到直流毫安的最小量程档。当开关 K 接通瞬间,如果万用表指电针的正向摆(若反向摆动,立即调换万用表两表笔的极性,使指针正向摆动),且摆动较大(二次比较),则可判定 U、V 两绕组为尾—首相连接,即与 U 相末端 U_1 相连的是 $V-V_1$ 相绕组的首端,于是标以符号 V,另一端标以 V_1。与此同时,可以确定由万用电表负表笔所接触的第三绕组出线端与电池正极所接的 $A-X$ 相首端 A 为同名端,于是该端是 $W-W_1$ 相的首端,标以符号 W,另一端标以 W_1。进一步加以验证,当绕组 $U-U_1$ 和 $V-V_1$ 为首—首或尾—尾相连接时,则万用表指针摆动较小或基本不动。

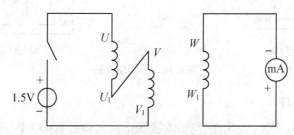

图 2.30.3　确定线圈绕组同名端方法

　　三相交流鼠笼式异步电动机的起动方法有:直接起动:起动电流大,只适用于小容量的电动机;降压起动:起动转矩随电压下降的平方而下降,故只适用于起动转矩要求不大的场合。

　　对于正常运行时,定子绕组采用三角形连接的电动机(4 kW 以上电动机),可应用 Y-△ 降压起动法;对于正常运行时,定子绕组采用星形连接的电动机,只能应用自耦变压器(也称补偿器)降压起动法。

　　异步电动机的反转:

　　因为异步电动机的旋转方向取决于三相电流流入定子绕组的相序,故只要将三相电源线中任意两根互换连接即可使电动机改变旋转方向。

　　电动机的直接起动:

　　采用 380 V 的三相交流电源,按图 2.30.4(a)线路图,连接好电动机的定子绕组及实验电路,起动电动机,在开关闭合的一瞬间及时观察起动电流的冲击情况,并观察电动机的旋转方向。

　　电动机的反转:

　　采用 380 V 的三相交流电源,按图 2.30.4(b)线路,连接好电动机的定子绕组及实验电路。

起动电动机,观察电动机的旋转方向是否反转。

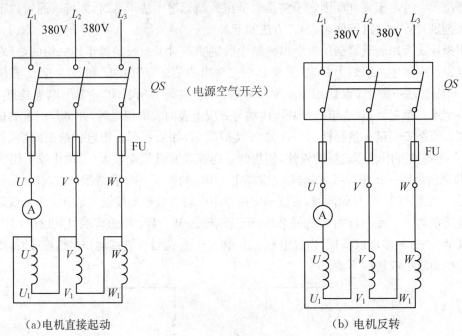

（a）电机直接起动　　　　　　　　　　（b）电机反转

图 2.30.4　实验电路

四、实验注意事项

1. 本实验系强电实验,接线前(包括改接线路)、实验后都必须断开实验线路的电源,特别改接线路和拆线时必须遵守"先断电,后拆线"的原则。电机在运转时,电压和转速均很高,切勿触碰导电和转动部分,以免发生人身和设备事故。为了确保安全,学生应穿绝缘鞋进入实验室。接线或改接线路必须经指导教师检查后方可进行实验。

2. 起动电流持续时间很短,且只能在接通电源的瞬间读取指针式电流表指针偏转的最大读数(因指针偏转的惯性,此读数与实际的起动电流数据略有误差),如错过这一瞬间,须将电机停车,待停稳后,重新起动读取数据。

3. 单相(即缺相)运行时间不能太长,以免过大的电流导致电机的损坏。

五、预习思考题

1. 如何判断异步电动机的六个引出线,如何连接成 Y 形或△形,又根据什么来确定该电动机作 Y 连接或△连接?

2. 缺相是三相电动机运行中的一大故障,在起动或运转时发生缺相,会出现什么现象?有何后果?

3. 电动机转子被卡住不能转动,如果定子绕组接通三相电源将会发生什么后果?

六、实验报告要求

1. 总结对三相鼠笼式异步电动机绝缘性能检查的结果,判断该电机是否完好可用?

2. 对三相鼠笼式异步电动机的起动、反转及各种故障情况进行分析。

2.31 三相鼠笼式异步电动机用接触器、继电器控制的直接起动及正反转运行

一、实验目的

1. 熟悉按钮、交流接触器和热继电器的使用。

2. 学会三相鼠笼式异步电动机直接起动及正反转的继电器、接触器控制电路的接触及操作。

3. 研究电动机运行时的保护。

二、实验仪器及设备

序 号	仪器名称	规格(型号)	数 量	备 注
1	控制电路板		1	
2	三相异步电动机		1	
3	500 型万用表		1	
4	电工实验平台		1	

三、实验原理

用接触器和继电器来对小功率鼠笼式电动机进行直接起动和正反转控制,在工农业生产上应用得十分广泛。

交流电动机接触器控制电路的主要设备是交流接触器,其中主要构造为:

电磁系统:铁心、吸引线圈和短路环。

触头系统:主触头和辅助触头,按其在未动作时的位置,分为常开触头和常闭触头两种类型。

消弧系统:在切断大电流的接触器上装有消弧罩,以迅速切断电弧。

另外还有接线端子、反作用弹簧及底座等。

接触器的触头只能用来接通或断开它额定电压和电流(或以下)的电路,否则在切断电路时会引起消弧困难,接通后若电流过大会使触头因接触电阻而引起过热。

常用接触器吸引线圈的工作电压为 220 V 或 380 V,使用时需要注意区别。电压过高当然要烧坏线圈,电压过低时,会使铁心吸合不牢,会发生很大的噪声。

短路环用来磁通分相,使各磁通过零点的时间错开,保证了铁心间的吸引力在任何瞬间都不为零,且大于某项值,从而使铁心吸合牢靠,避免震动,减小了噪音,当短路环有脱落或损坏时,交流电磁工作时会产生很大的噪音。

按钮是由人来操作的元件,在自动控制中用来发出指令,它的触头也有常开和常闭两种形式,为了使用方便,常常将由两个或更多个按钮组合制成按钮盒。

热继电器是利用它串联在主电路中的发热元件的热效应,当过载时引起双金属片的弯曲而使触头动作。热继电器的触头功率很小,只能连接在控制电路中热继电器是发热而动作,其热惯性与电动机热惯性同步,它通常用来作电动机的过载保护。

表 2-31-1　三相交流电磁式接触器主要技术数据

型　号	吸引线圈额定电压	主 触 头额定电流	辅助触头额定电流	额定操作频率	主触头分断能力
CJ20-10	220 V	10 A(带灭弧罩)	10 A(带灭弧罩)	1 200 次/h	1 000 A

表 2-31-2　热继电器主要技术数据

型　号	热元件整定电流范围	额定工作电压	自动复位时间	
JR20-10L	0.23~0.29~0.30 A	660 V~	≤5 min	
动 作 特 性(各相负载平衡)				
整定电流倍数	1.05	1.2		6
动作时间	2 h 不动作	<2 h		>2 s

上述热继电器结构上包括整定电流调节凸轮、动作脱扣指示标志及复位按钮。

当主电路中的电动机过载或断相时,热继电器主双金属片推动动作机构,断开常闭触头,切断主电路,从而保护了电动机,此时动作脱扣指示件弹出,显示热继电器已经动作。

热继电器动作后,经过冷却,按复位按钮使其手动复位,当复位按钮指示在自动复位时,热继电器可自行复位。

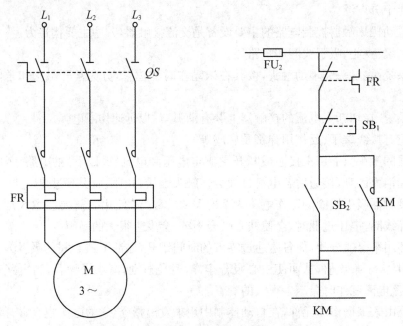

图 2.31.1　三向异步电动机单向直线起动线路

鼠笼式异步电动机单方向直接起动主要是使用一个交流接触器进行控制,在正反转控制时,需用调换电源任意两根接线来实现电动机的正反转控制,这样需要增加一个接触器。电路中还利用辅助触头构成所谓自锁触头和联锁触头。自锁触头,如图 2.31.1 中与按钮

SB₂,并联的常开触头 KM,用来保持电动机长期运行。联锁触头,如图 2.31.2 中与吸引线圈 KM₁(KM₂)串联的常闭触头 KM₂(KM₁),用来防止两个交流接触器同时吸合,以避免电源发生短路。

四、实验内容及步骤

1. 单方向直接起动控制

按图 2.31.1 接好主电路和控制电路。操作按钮 SBT 和 SBP,观察电动机起动和停止情况。切断电源,拆去控制电路中的自锁触头后,再接通电源操作按钮 SBT,起动电动机,观察电动机的点动工作情况。

2. 正反转直接起动控制

按图 2.31.2 接好主电路与控制电路,进行电动机的正反转起动和停止操作在起动停止操作过程中,观察电动机的旋转方向。着重分析各自锁及联锁触头的工作状态,从而体会自锁及联锁触头的作用。

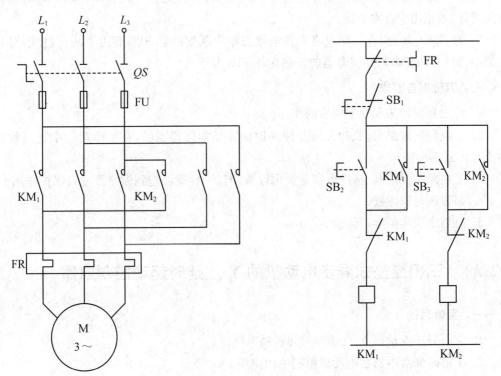

图 2.31.2 三相异步电动机正反转控制线路

五、故障分析

1. 接通电源后,按起动按钮(SB₁ 或 SB₂),接触器吸合,但电动机不转,却发出"嗡嗡"声响或电动机能起动,但转速很慢。这种故障来自主回路,大多是一相断线或电源缺相。

2. 接通电源后,按起动按钮(SB₁ 或 SB₂),若接触器通断频繁,且发出连续的劈啪声或吸合不牢,发出颤动声,此类故障原因可能是:

(1) 线路接错,将接触器线圈与自身的常闭触头串在一条回路上了。

（2）自锁触头接触不良，时通时断。

（3）接触器铁心上的短路环脱落或断裂。

（4）电源电压过低或与接触器线圈电压等级不匹配。

六、预习思考题

1. 在电动机正、反转控制线路中，为什么必须保证两个接触器不能同时工作？采用哪些措施可解决此问题，这些方法有何利弊，最佳方案是什么？

2. 在控制线路中，短路、过载、失、欠压保护等功能是如何实现的？在实际运行过程中，这几种保护有何意义？

3. 图 2.31.2 中辅助常闭触点 KM_2 和 KM_3 的作用是什么？若在控制电路中将二者调接，主电路和控制电路能否正常工作？为什么？

4. 看懂电动机的单向起动、正反转控制电路，了解各触头及其他元件的作用。

5. 在电路中，如果缺少一个作自锁作用的触头，你能想办法代替吗？画出这时的控制电路图，但需指出它存在的缺点。

6. 为了防止短路，在三相电路中各电路必须串联熔断器 FU，而为了防止过载，可只在三相中的任意两相串联热继电器的发热元件 FR，为什么？

七、实验报告要求

1. 讨论自锁触头和联锁触头的作用。

2. 主电路的短路、过载和失压三种保护功能是如何得到的，在实际运行中这三种保护功能有什么意义？

3. 主电路中保险丝、热继电器是否可以采用任一种就能起到短路及过载保护作用？

4. 回答预习思考题。

5. 总结本次实验心得体会。

2.32 三相鼠笼式异步电动机的 Y-△ 延时起动控制电路

一、实验目的

1. 学习异步电动机 Y-△ 延时起动控制电路。

2. 了解时间继电器在电动机控制中的应用。

二、实验仪器及设备

序　号	仪器名称	规格（型号）	数　量	备　注
1	控制电路板		1	
2	三相异步电动机		1	
3	500 型万用表		1	
4	电工实验平台		1	

三、实验原理

时间延时控制电路的特点是动作之间有一定的时间间隔。使用的元件是时间继电器,它有多种形式,但基本功能只有两类,即通电延时和断电延时式,符号如图 2.32.1 所示。设计时间原则控制电路要正确选择时间继电器类型、延迟时间范围、线圈电压及触头额定电流。

表 2-32-1 电子式晶体管时间继电器主要技术数据

型 号	通电延时触头对数	延 时范 围	额定工作电压(线圈,触头)	触头工作电流	消 耗功 率
JSZ-3	1 对常开1 对常闭	0—10 s	220 V $\begin{matrix}+5\%\\-15\%\end{matrix}$	≤2 A	5 W

使用注意事项:

继电器的延时刻度不表示实际延时值的精确值,仅供整定延时时间参考。若要求精确的延时值,需在使用前用标准计时器进行核对。

本实验所用电路元件板如图 2.32.2 所示。有三只接触器 KM_1、KM_2 和 KM_3、一只热继电器 FR、一只时间继电器 KT 及三只按钮。用此电路板可组成异步电动机 Y-△变换延时起动电路,控制要求是:用接触器 KM_1 及 KM_3 控制电动机接成星形降压起动;用时间继电器控制延迟一段时间后断开星形接法连线,使电机断电靠惯性运转;同时用接触器 KM_2 将电机接成三角形正常运转;电路应具有联锁保护,防止两接触器同时接通而造成电源短路;转入正常运行后应断开时间继电器线圈的电源。控制电路原理图如图 2.32.3 所示。自行分析该电路是如何实现上述控制要求的,并据此原理图在元件板上连接导线,实现对电动机的控制。

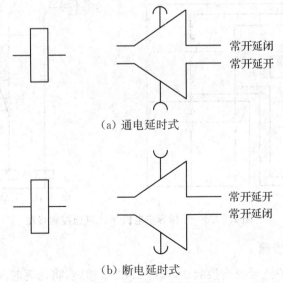

(a) 通电延时式

(b) 断电延时式

图 2.32.1 时间继电器功能模式

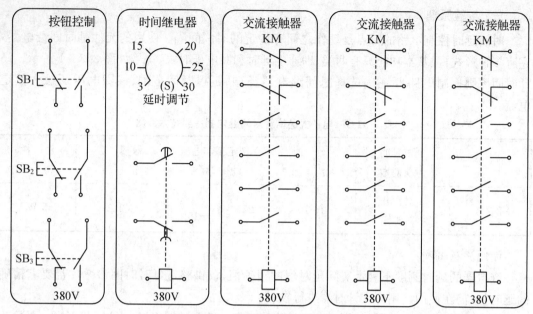

图 2.32.2　接触器、继电器控制面板

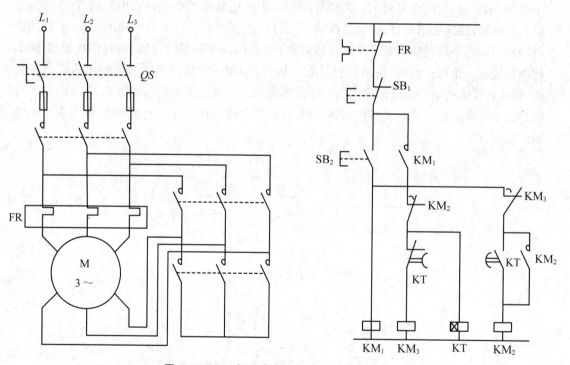

图 2.32.3　三相异步电机 Y-△减压控制线路

四、实验内容及步骤

1. 实现电动机 Y-△延时变换起动,按图 2.32.3 接线,将延迟时间调节到 3～15 s,起动电动机,观察动作顺序是否满足控制要求。

2. 试设计一个延时起动控制电路,经老师审查后进行实验操作。控制要求:

(1) 按下起动按钮后,电机不转;

(2) 等待 5 s 后电动机自动按三角形接法直接起动;

(3) 任何时刻按下停止按钮,电机停转;

(4) 电机起动后时间继电器线圈应断电。

3. 试设计一个定时工作电路,经老师审阅后进行实验操作。控制要求:

(1) 按下起动按钮电动机按星形接法起动运转;

(2) 工作 5 s 后电动机自动停车,控制电器全部无电。

五、实验注意事项

1. 注意安全,严禁带电操作。

2. 只有在断电的情况下,方可用万用表欧姆档来检查线路的接线正确与否。

六、预习思考题

1. 采用 Y-△降压起动对鼠笼电动机有何要求?

2. 如果手头没有通电延式时间继电器,但有一只断电延时式时间继电器,设计异步电动机的 Y-△降压起动控制线路。试问三个接触器的动作次序应作如何改动,控制回路又应如何设计?

3. 控制回路中的一对互锁触头有何作用?若取消这对触头对 Y-△降压换接起动有何影响,可能会出现什么后果?

4. 降压起动的自动控制线路与手动控制线路比较有哪些优点?

七、实验报告要求

1. 总结归纳异步电动机 Y-△降压起动的方法及优缺点。

2. 回答预习思考题中的有关问题。

第三章　Multisim 10.0 使用简介

EWB（Electrical Workbench，虚拟电子工作台）是加拿大 IIT（Interactive Image Technologies）公司于 20 世纪 80 年代末推出的电子线路仿真软件。该软件可以对模拟、数字、模拟/数字混合电路进行仿真，克服了实验室条件对传统电子设计工作的限制。使用该软件，各种电路的搭建、仿真电路的测量等均可轻松完成。

Multsim 是一个完整的设计工具系统，提供了一个庞大的元件数据库，并提供原理图输入接口、全部的数模 SPICE（Simulation Program with Integrated Circuit Emphasis）仿真功能、VHDL/Verilog 设计接口与仿真功能、FPGA/CPLD 综合、RF 射频设计能力和后处理功能，还可以进行从原理图到 PCB 布线工具包（如：Electronics Workbench 的 Ultiboard）的无缝数据传输。它提供的单一易用的图形输入接口可以满足使用者的设计需求。Multisim 提供全部先进的设计功能，满足使用者从参数到产品的设计要求。因为程序将原理图输入、仿真和可编程逻辑紧密集成，所以使用者放心地进行设计工作，不必顾及不同供应商的应用程序之间传递数据时经常出现的问题。

Multisim 10.0 是美国 NI（National Instruments，国家仪器）公司于 2007 年推出的版本。Multisim 10.0 用软件的方法虚拟电子与电工元器件以及电子与电工仪器和仪表，通过软件将元器件和仪器集合为一体。它是一个原理电路设计、电路功能测试的虚拟仿真软件。Multisim 10.0 的元器件库提供数千种电路元件供实验选用，同时也可以新建或扩展已有的元器件库，而且建库所需的元器件参数可以从生产厂商的产品手册中查到，因此可很方便地在工程设计中应用。Multisim 10.0 的虚拟测试仪器/仪表种类齐全，一般实验通用的仪器，如万用表、函数信号发生器、双踪示波器、直流电源等，还有一般实验室少有或者没有的仪器，如波特图仪、泰克示波器等。Multisim 10.0 具有较为详细的电路分析功能，可以完成电路的瞬态分析、稳态分析等各种分析方法，以帮助设计人员分析电路的性能。它还可以设计、测试和演示各种电子电路，包括电工电路、模拟电路、数字电路、射频电路及部分微机接口电路等。利用 Multisim 10.0 可以实现计算机仿真设计与虚拟实验，与传统的电路设计与实验方法相比，具有如下特点：设计与实验可以同步进行，可以边设计边实验，修改调试方便；设计和实验用的元器件及测试仪器计仪表齐全，可以完成各种类型的电路设计与实验；可以方便地对电路参数进行测试和分析；可以直接打印输出实验数据、测试参数、曲线和电路原理图；实验中不消耗实际的元器件，实验所需元器件的种类和数量不受限制，实验成本低，实验速度快，效率高；设计和实验成功的电路可以直接在产品中使用。

3.1　Multisim 10.0 主窗口

启动 Multisim 10.0 后,将出现如图 3.1.1 所示的主界面。主界面由多个区域构成:菜单栏,各种工具栏,电路输入窗口,状态条,列表框等。通过对各部分的操作可以实现电路图的输入、编辑,并根据需要对电路进行相应的观测和分析。用户可以通过菜单或工具栏改变主窗口的视图内容。

Multisim 10.0 的界面与所有的 Windows 应用程序一样,可以在主菜单中找到各个功能的命令。文件(File)菜单如图 3.1.2 所示;编辑(Edit)菜单如图 3.1.3 所示;视图(View)菜单如图 3.1.4 所示;工具栏(Toolbars)菜单命令如图 3.1.5 所示;放置(Place)菜单如图 3.1.6所示;仿真(Simulate)菜单如图 3.1.7 所示;传递(Transfer)菜单如图 3.1.8 所示;工具(Tools)菜单如图 3.1.9 所示;报告(Reports)菜单如图 3.1.10 所示;设置(Options)菜单如图 3.1.11 所示;窗口(Window)菜单如图 3.1.12 所示;帮助(Help)菜单如图 3.1.13所示。

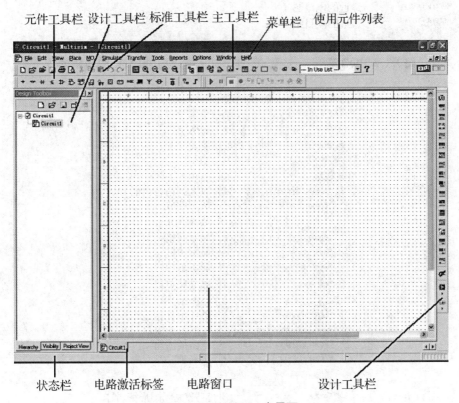

图 3.1.1　Multisim 主界面

创建一个新文件
打开文件
打开实例
关闭文件
关闭所有组件
保存文件
另存为
保存所有文件
建立一个新的项目组
打开一个新的项目组
保存项目组
关闭项目组
版本控制选择
打印
打印预览
打印设置选项
最近的电路图
最近的项目组
退出

图 3.1.2　文件菜单

撤消前一次操作
不撤消
剪切所选元件
复制所选元件
粘贴到指定位置
删除所选元件
选择电路中的所有元件
多页面删除
粘贴所选的子电路
查找
图形注释
顺序选择
图层赋值
图层设置
旋转方向设定
图明细表位置设置
编辑符号表/图明细表
字体设置
注释
格式
属性编辑

图 3.1.3　编辑菜单

全屏
层次
放大
缩小
面积放大
放大到适合页面
按刻度放大
选择放大
显示网格
显示边框
显示页边界
显示标尺栏
状态条
设计工具箱
扩展页面窗口
电路描述箱
工具条
标注
打开/关闭图形编辑器

图 3.1.4　视图菜单

图 3.1.5 工具栏菜单命令列表

图 3.1.6 放置菜单

121

图 3.1.7 仿真菜单

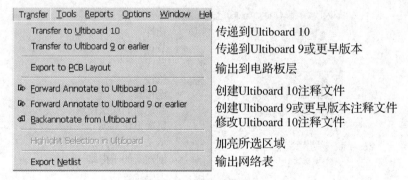

图 3.1.8 传递菜单

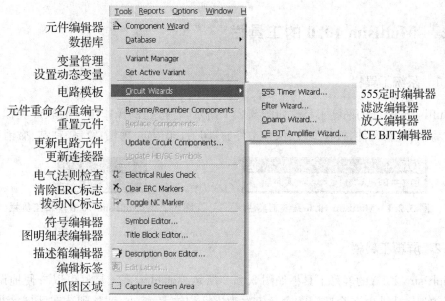

元件编辑器
数据库

变量管理
设置动态变量

电路模板

元件重命名/重编号
重置元件

更新电路元件
更新连接器

电气法则检查
清除ERC标志
拨动NC标志

符号编辑器
图明细表编辑器

描述箱编辑器
编辑标签

抓图区域

555定时编辑器
滤波编辑器
放大编辑器
CE BJT编辑器

图 3.1.9　工具菜单

器材清单
元件细节报告

网络表报告
元件交叉参照表
简要统计报告
未用元件统计报告

图 3.1.10　报告菜单

全部参数设置
页面设置

定制用户界面

图 3.1.11　设置菜单

建立新窗口
关闭窗口

关闭所有窗口

层叠

水平平铺

垂直平铺

当前窗口
窗口

图 3.1.12　窗口菜单

Multisim帮助
元件参考信息
提示

升级检查

文件信息

专利
关于Multisim

图 3.1.13　帮助菜单

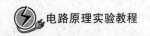
3.2 Multisim 10.0 的工具栏

3.2.1 系统工具栏

Multisim 10.0 的系统工具栏如图 3.2.1 所示,各按钮的操作与一般软件类似,从左至右依次为:创建新文件、打开文件、保存文件、打印、打印预览、剪切、复制、粘贴、撤销和恢复。

图 3.2.1　Multisim 10.0 系统工具栏　　　图 3.2.2　Multisim 10.0 屏幕工具栏

3.2.2 屏幕工具栏

Multisim 10.0 的屏幕工具栏如图 3.2.2 所示。通过屏幕工具栏可以方便地调整所编辑电路的视图大小。各个按钮的含义依次为:全屏、放大、缩小、调整到选定区域大小和调整到合适页面大小。

3.2.3 设计工具栏

Multisim 10.0 的设计工具栏如图 3.2.3 所示,用户可以通过设计工具栏建立电路项目,对电路进行仿真分析并最终输出设计数据等。这些命令被集中于设计工具栏,使用户设计电路更为方便和快捷。从左至右,各按钮的含义为:

图 3.2.3　Multisim 10.0 的设计工具栏

层次项目按钮:用于显示或隐藏层次项目栏;

层次电子数据表按钮:用于开关当前电路的电子数据表;

数据库按钮:可开启数据库管理对话框;

元件编辑器按钮:用于调整、增加或创建新元件;

图形编辑器/分析按钮:在出现的下拉菜单中可选择中可选择将要进行的分析方法;

后分析按钮:用于对仿真结果的分析与操作;

电气性能按钮;

图像复选框按钮:捕捉屏幕上的电路图;

返回父目录;

打开 Ultiboard Log File;

打开 Ultiboard 10 PCB;

In Use List 按钮:当前电路中所使用的全部元件列表,以供检查和重复使用;如果电路中还要添加列表中的元件,可直接从该选项中选取;

帮助按钮：Multisim 10.0 的帮助文件不但有软件的操作指南，更重要的是有元器件与仪器的功能说明，用户可以通过输入帮助主题查找所需信息。

3.2.4　仿真工具栏

Multisim 10.0 的仿真开关如图 3.2.4 所示，"停止/运行"和"暂停"两个按钮。没有仿真运行时，"暂停"按钮为灰色，即为不可用。单击按钮，用来控制仿真进程。仿真也可以通过菜单栏中的 Simulate/Run 和 Simulate/Pause 命令来控制。

图 3.2.4　Multisim 10.0 的仿真开关

图 3.2.5　Multisim 10.0 的元件工具栏

3.2.5　元件工具栏

Multisim 10.0 的元件工具栏如图 3.2.5 所示，从左到右分别是：电源按钮（Place Source）、基本元件按钮（Place Basic）、二极管按钮（Place Diode）、晶体管按钮（Place Transistor）、模拟元件按钮（Place Analog）、TTL 元件按钮（Place TTL）\CMOS 按钮。

Multisim 10.0 的仪器工具栏如图 3.2.6 所示，从左到右分别是：万用表（Multimeter）、失度分析仪（Distortion Analyzer）、函数发生器（Function Generator）、功率计（Wattmeter）、双通道示波器（Oscilloscope）、频率计数器（Frequency Counter）、安捷伦信号发生器（Agilent Function Generator）、四通道示波器（4 Channel Oscilloscope）、波特图示仪（Bode Plotter）、IV 特性分析仪（IV-Analysis）、字发生器（Word Generator）、逻辑转换仪（Logic Converter）、逻辑分析仪（Logic Analyzer）、安捷伦示波器（Agilent Oscilloscope）、安捷伦万用表（Agilent Multimeter）、频谱分析仪（Spectrum Analyzer）、网络分析仪（Network Analyzer）、Tektronix 示波器（Tektronix Oscilloscope）、电流探针（Current Probe）、LabVIEW 虚拟仪器按钮（LabVIEW Instrument）、测量探针按钮（Measurement Probe）。

图 3.2.6　Multisim 10.0 的仪器工具栏

3.3　基于 Multisim 10.0 的电路设计

1. 打开 Multisim 10 设计环境。选择：文件－新建－原理图。即弹出一个新的电路图编辑窗口，工程栏同时出现一个新的名称。单击"保存"，将该文件命名并保存到指定文件夹下。

这里需要说明的是：①文件的名字要能体现电路的功能，要让自己以后看到该文件名就能一下子想起该文件实现了什么功能。

②在电路图的编辑和仿真过程中，要养成随时保存文件的习惯，以免由于没有及时保存

而导致文件的丢失或损坏。

③文件的保存位置,最好用一个专门的文件夹来保存所有基于 Multisim 10 的例子,这样便于管理。

2. 在绘制电路图之前,需要先熟悉一下元件栏和仪器栏的内容,看看 Multisim 10 都提供了哪些电路元件和仪器。由于我们安装的是汉化版的,直接把鼠标放到元件栏和仪器栏相应的位置,系统会自动弹出元件或仪表的类型。

3. 首先放置电源。点击元件栏的放置信号源选项,出现如图 3.3.1 所示的对话框。

①"数据库"选项,选择"主数据库"。

②"组"选项里选择"sources"。

③"系列"选项里选择"POWER_SOURCES"。

④"元件"选项里,选择"DC_POWER"。

⑤右边的"符号"、"功能"等对话框里,会根据所选项目,列出相应的说明。

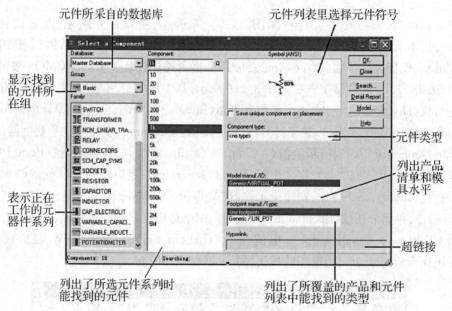

图 3.3.1 元件选择界面

4. 选择好电源符号后,点击"确定"按钮,移动鼠标到电路编辑窗口,选择放置位置后,点击鼠标左键即可将电源符号放置于电路编辑窗口中,仿制完成后,还会弹出元件选择对话框,可以继续放置,点击关闭按钮可以取消放置。

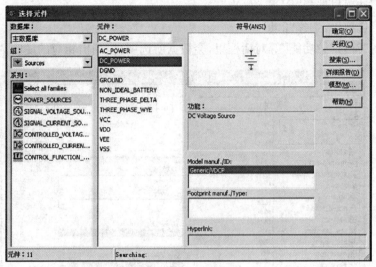

图 3.3.2　电压源选择

5. 我们看到，放置的电源符号显示的是 12 V。我们的需要的可能不是 12 V，那怎么来修改呢？双击该电源符号，出现如图 3.3.3 所示的属性对话框，在该对话框里，可以更改该元件的属性。在这里，我们将电压改为 3 V。当然我们也可以更改元件的序号引脚等属性。大家可以点击各个参数项来体验一下。

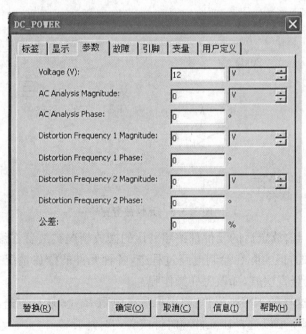

图 3.3.3　电压源参数设置

6. 接下来放置电阻。点击"放置基础元件"弹出如图 3.3.4 所示对话框。

①"数据库"选项，选择"主数据库"。

②"组"选项里选择"Basic"。

127

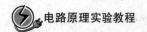

③"系列"选项里选择"RESISTOR"。

④"元件"选项里,选择"20k"。

⑤右边的"符号"、"功能"等对话框里,会根据所选项目,列出相应的说明。

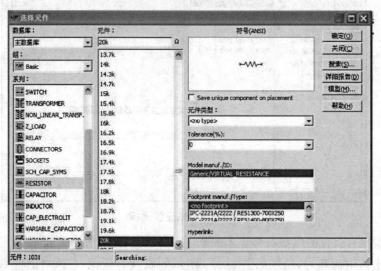

图 3.3.4　电阻元件选择

7. 按上述方法,再放置一个 10 kΩ 的电阻和一个 100 kΩ 的可调电阻。放置完毕后,如图 3.3.5 所示。

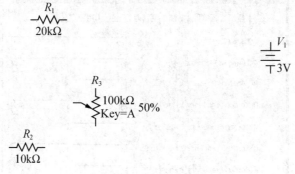

图 3.3.5　元件放置完毕

8. 我们可以看到,放置后的元件都按照默认的摆放情况被放置在编辑窗口中。例如电阻是默认横着摆放的,但实际在绘制电路过程中,各种元件的摆放情况是不一样的,比如我们想把电阻 R_1 变成竖直摆放,那该怎样操作呢?

我们可以通过这样的步骤来操作:将鼠标放在电阻 R_1 上,然后点击右键,这时会弹出一个对话框,在对话框中可以选择让元件顺时针或者逆时针旋转 90°。

如果元件摆放的位置不合适,想移动一下元件的摆放位置,则将鼠标放在元件上,按住鼠标左键,即可拖动元件到合适位置。

9. 放置电压表。在仪器栏选择"万用表",将鼠标移动到电路编辑窗口内,这时我们可以看到,鼠标上跟随着一个万用表的简易图形符号。点击鼠标左键,将电压表放置在合适位置。电压表的属性同样可以双击鼠标左键进行查看和修改。

所有元件放置好后,如图 3.3.6 所示。

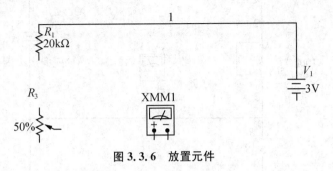

图 3.3.6 放置元件

10. 下面就进入连线步骤了。将鼠标移动到电源的正极,当鼠标指针变成 ●— 时,表示导线已经和正极连接起来了,单击鼠标将该连接点固定,然后移动鼠标到电阻 R_1 的一端,出现小红点后,表示正确连接到 R_1 了,单击鼠标左键固定,这样一根导线就连接好了。如图 3.3.7 所示。如果想要删除这根导线,将鼠标移动到该导线的任意位置,点击鼠标右键,选择"删除"即可将该导线删除,或者选中导线,直接按"Delete"键删除。

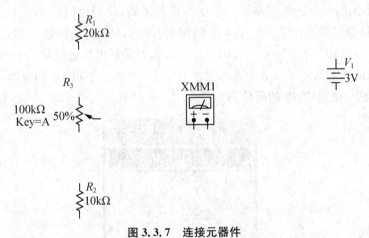

图 3.3.7 连接元器件

11. 按照前面第 3 步的方法,放置一个公共地线,然后如图 3.3.8 所示,将各连线连接好。

注意:在电路图的绘制中,公共地线是必须的。

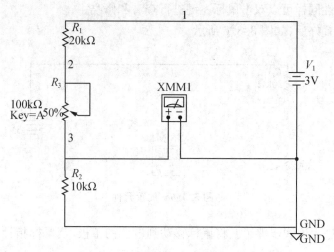

图 3.3.8　电路连接完成

12. 电路连接完毕,检查无误后,就可以进行仿真了。点击仿真栏中的绿色开始按钮

▶。电路进入仿真状态。双击图中的万用表符号,即可弹出如图 3.3.9 的对话框,在这里

显示了电阻 R_2 上的电压。对于显示的电压值是否正确,我们可以验算一下:根据电路图可

知,R_2 上的电压值应等于:(电源电压×R_2 的阻值)/(R_1,R_2,R_3 的阻值之和)。则计算如下:

$(3.010×1000)/((10+20+50)×1000)=0.375$ V,经验证电压表显示的电压正确。R_3 的阻

值是如何得来的呢? 从图 3.3.8 中可以看出,R_3 是一个 100 kΩ 的可调电阻,其调节百分比

为 50%,则在这个电路中,R_3 的阻值为 50 kΩ。

图 3.3.9　万用表测量电压

13. 关闭仿真,改变 R_2 的阻值,按照第 12 步的步骤再次观察 R_2 上的电压值,会发现随

着 R_2 阻值的变化,其上的电压值也随之变化。注意:在改变 R_2 阻值的时候,最好关闭仿真。

千万注意:一定要及时保存文件。

这样我们大致熟悉了如何利用 Multisim 10.0 来进行电路仿真。以后我们就可以利用

电路仿真来学习模拟电路和数字电路了。

3.4　利用 Multisim 10.0 进行电阻、电容、电感的电原理性分析

3.4.1　电阻的分压、限流特性演示

我们知道,电阻的作用主要是分压、限流。现在我们利用 Multisim 10.0 对这些特性进行演示和验证。

1. 电阻的分压特性演示。首先创建一个如图 3.4.1 所示的电路。

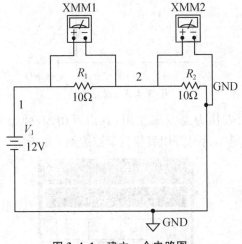

图 3.4.1　建立一个电路图

2. 打开仿真,我们来观察一下两个电压表各自测得的电压值。如图 3.4.2 所示。

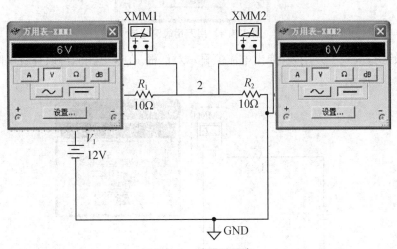

图 3.4.2　放置万用表

我们可以看到,两个电压表测得的电压都是 6 V,根据这个电路的原理。我们同样可以计算出电阻 R_1 和 R_2 上的电压均为 6 V。在这个电路中,电源和两个电阻构成了一个回路,根据电阻分压原理,电源的电压被两个电阻分担了,根据两个电阻的阻值,我们可以计算出

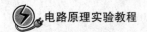

每个电阻上分担的电压是多少。

同理,我们可以改变这两个电阻的阻值,进一步验证电阻分压特性。

3. 电阻限流特性演示和验证。创建如图 3.4.3 所示的电路。

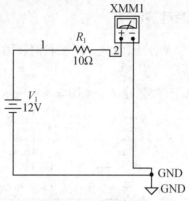

图 3.4.3　建立电路

4. 这时需要将万用表作为电流表使用,双击万用表,弹出万用表的属性对话框,如图 3.4.4所示,点击按钮"A",这时万用表相当于被拨到了电流档。

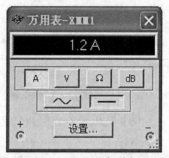

图 3.4.4　用万用表测电流

5. 开始仿真,双击万用表,弹出电流值显示对话框,在这里我们可以查看电阻 R_1 上的电流,如图 3.4.5 所示。

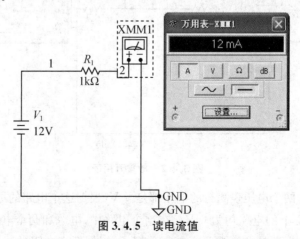

图 3.4.5　读电流值

6. 关闭仿真,修改电阻 R_1 的阻值为 $1\ k\Omega$,再打开仿真,观察电流的变化情况,如图 3.4.5 所示,我们可以看到电流发生了变化。根据电阻值大小的不同,电流大小也相应的发生变化,从而验证了限流特性。

3.4.2　电容的隔直流通交流特性演示和验证

我们知道电容的特性是隔直流、通交流。也就是说电容两端只允许交流信号通过,直流信号是不能通过电容的。下面我们就来演示和验证一下。

1. 电容的隔直流的特性演示和验证。创建如图 3.4.6 所示电路图,在这个电路中,我们用直流电源加到电容的两端,通过示波器观察电路中的电压变化。

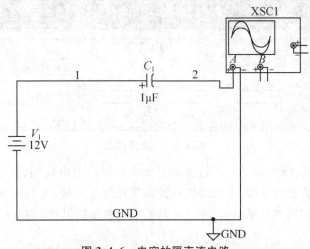

图 3.4.6　电容的隔直流电路

2. 由于我们已经知道,在这个电路中是没有电流通过的,所以用示波器只能看到电压为 0,测量出来的电压波形跟示波器的 0 点标尺重合了,不便于观察,为此我们双击示波器,如图 3.4.7 所示,将 Y 轴的位置参数改为 1,这样就便于观察了。

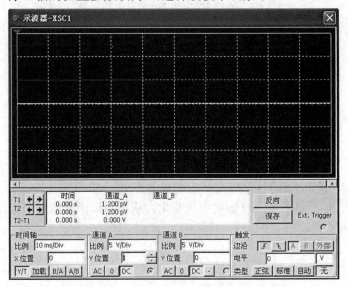

图 3.4.7　设置示波器参数

133

3. 打开仿真,如图3.4.8所示,我们看到这条红线就是示波器测得的电压,可以看到,这个电压是0,从而验证了电容的隔直流特性。

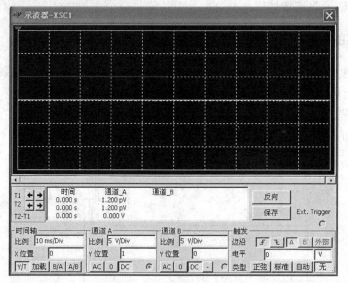

图3.4.8 观测波形

4. 电容的通交流特性的演示。创建如图3.4.9所示的电路图,在本电路图中,我们将电源由直流电源换为交流电源,电源电压和频率分别为6 V和50 Hz。同时,由于上面的试验中我们改变了示波器的水平位置,在这里需要将水平位置仍然改为0。

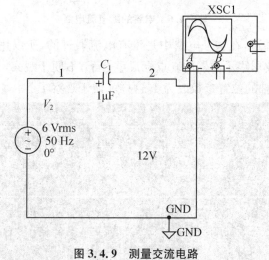

图3.4.9 测量交流电路

5. 打开仿真,双击示波器,观察电路中的电压变化。如图3.4.10所示,从图中我们可以来看出,电路中有了频率为50 Hz的电压变化。从而验证了电容的通交流的特性。

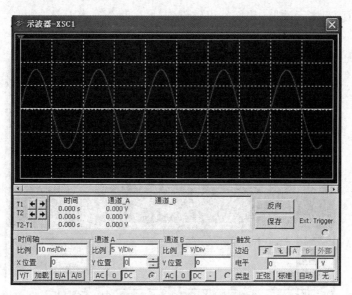

图 3.4.10　观测波形

3.4.3　电感的隔交流通直流特性演示与验证

1. 电感的通直流的特性演示与验证。创建如图 3.4.11 所示电路图。为了能更好地演示效果,我们在电感的两端分别连接示波器的一个通道。通道 A 测量电源经过电感后的电压变化情况,通道 B 连接电源,观察电源两端的电源情况。为了便于观察,示波器两个通道的水平位置进行了不同设置。这是因为直流电源通过电感后,其电压情况没有发生变化,示波器两个通道的波形会重叠在一起。我们通过调整两个通道的水平位置,将这两个波形分开,这样能够比较直观地看到两个通道的波形。

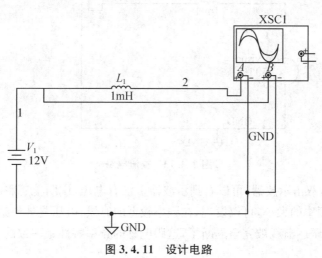

图 3.4.11　设计电路

2. 打开仿真,双击示波器,我们就可以看到 A,B 两个通道上都有电压,这就验证了电感的通直流特性。

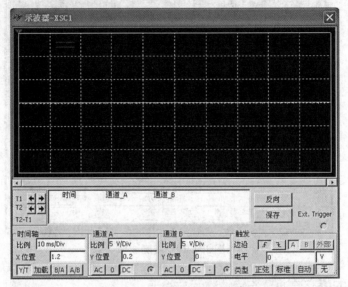

图 3.4.12　观测示波器波形

3. 电感的隔交流特性分析。建立如图 3.4.13 电路图,将电源变为交流电源,频率为 50 MHz。

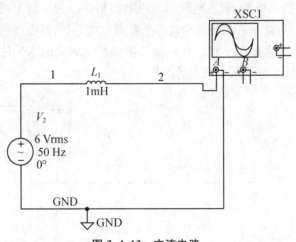

图 3.4.13　交流电路

4. 打开仿真,双击示波器,可以看到示波器上没有电压,说明电感将交流电隔断了。我们可以试着改变频率的大小,可以发现,在频率较低的时候,电压是能够通过电感的,但是随着频率的提高,电压逐渐就被完全隔断了,这跟电感的频率特性是一致的。

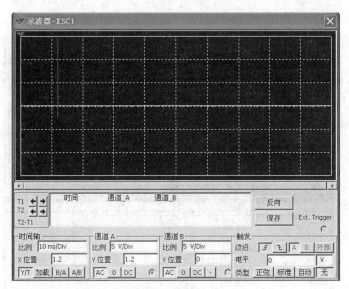

图 3.4.14 观测波形

3.4.4 二极管的特性分析与验证

1. 二极管单向导电性的演示与验证。建立如图 3.4.15 所示电路图,这里我们用到了一个新的虚拟仪器:函数信号发生器。顾名思义,函数信号发生器是一个可以产生各种信号的仪器。它的信号是根据函数值来变化的,它可以产生幅值、频率、占空比都可调的波形,可以是正弦波、三角波、方波等。这里我们利用函数发生器来产生电路的输入信号。仿真前应设置好函数信号发生器的幅值、频率、占空比、偏移量以及波形型式。示波器的两个通道一路用来检测信号发生器波形,另一路用来监视信号经过二极管后的波形变化情况。

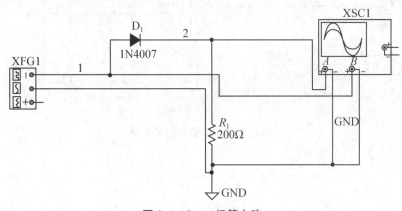

图 3.4.15 二极管电路

2. 打开仿真,双击示波器查看示波器两个通道的波形。如图 3.4.16 所示,可以看到,在信号经过二极管前,是完整的正弦波,经过二极管后,正弦波的负半周消失了。这样就证明了二极管的单向导电性。我们可以试着把信号发生器的波形改为三角波、矩形波,然后再观察输出效果。可以得出同样的结论:二极管正向偏置时,电流通过,反向偏置时,电流

137

截止。

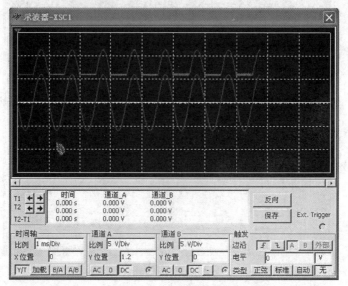

图 3.4.16　观测波形

　　3. 我们尝试将电路中的二极管反过来安装,然后观察仿真效果。我们会发现,二极管反向安装后,其输出波形与正向安装时的波形刚好相反。电路图和波形如图 3.4.17 和图 3.14.18 所示。

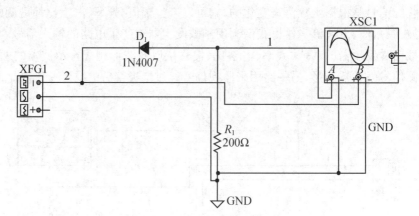

图 3.4.17　二极管测试电路

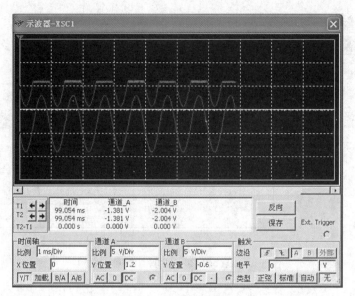

图 3.4.18　仿真波形

3.4.5　三极管的特性演示与验证

1. 三极管的电流放大特性。创建并绘制如图 3.4.19 所示的电路图。在本图中，我们使用 NPN 型三极管 2N1711 来进行试验。采用共射极放大电路接法。基极和集电极分别连接电流表。另外注意，基极和集电极的电压是不一样的。

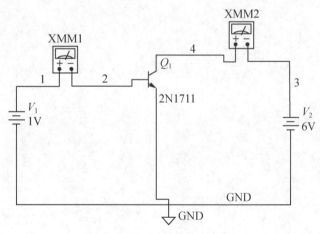

图 3.4.19　三极管测试电路

2. 打开仿真，双击两个万用表（注意选择电流档）。我们可以看到，连接在基极的电流表和连接在集电极的电流表显示的电流值差别很大。这就说明了：在基极用一个很小的电流，就可以在集电极获得比较大的电流。从而验证了三极管的电流放大特性。

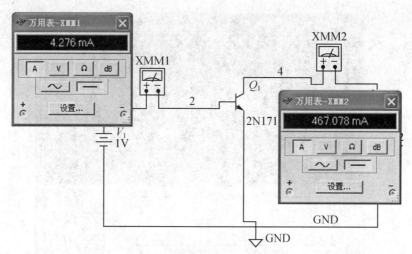

图 3.4.20　读取电流值

第四章　**Multisim 仿真实验**

仿真实验是现代实验的一种手段,仿真性实验要求实验者能够利用计算机和电子线路仿真软件对实验电路进行仿真测试,来获得实验结果。既可以利用仿真软件对理论知识进行复习,又可以对实验进行预习。用计算机仿真实验不仅可以节约时间,而且可避免元件的损坏。还可以在不同的环境下仿真实验,不受实验场所、实验器材等方面限制。仿真实验只能作为对实际实验操作辅助,仿真实验不能完全替代实际实验操作。

电子线路仿真软件主要是在计算机上虚拟出一个元件硬件工作平台,采用它进行辅助教学,可以加深学习者对电路结构、原理的认识与理解,熟练使用仪器和正解的测量方法。

Multisim 和 Pspice 是近年来比较流行的仿真软件,也是目前国内一些高校应用于电子电路仿真实验的软件。

4.1　电路元件伏安特性的测试

一、实验目的

1. 熟练掌握 Multisim 软件的基本操作。

2. 掌握电路元件的伏安特性关系。

二、实验原理

1. 在电路中,电路元件的特性一般用该元件上的电压 U 与通过元件的电流 I 之间的函数关系 $U = f(I)$ 来表示。这种函数关系称为该元件的伏安特性,有时也称外部特性。对于电源的外特性则是指它的输出端电压和输出电流之间的关系,通常这些伏安特性用 U 和 I 分别作为纵坐标和横坐标绘成曲线,这种曲线就叫做伏安特性曲线或外特性曲线。

2. 本实验中所用元件为线性电阻、一般半导体二极管整流元件及稳压二极管等常见的电路元件。

线性电阻的伏安特性是一条通过原点的直线,该直线的斜率等于该电阻的数值。

一般半导体二极管是一个非线性电阻元件。正向压降很小(一般的锗管约为 $0.2 \sim 0.3\ \text{V}$,硅管约为 $0.5 \sim 0.7\ \text{V}$),正向电流随正向压降的升高而急骤上升,而反向电压从零一直增加至十多至几十伏时,其反向电流增加很小,粗略地可视为零。可见,二极管具有单向导电性,但反向电压加得过高而超过管子的极限值,则会导致管子击穿损坏。

稳压二极管是非线性元件,正向伏安特性类似普通二极管,但其反向伏安特性则较特别,在反向电压开始增加时,其反向电流几乎为零,但当电压增加到某一数值时(一般称稳定电压)电流突然增加,以后它的端电压维持恒定不再随外电压升高而增加。利用这种特性在

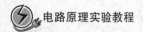

电子设备中有着广泛的应用。

三、实验内容及步骤

1. 线性电阻的伏安特性

创建电路:从元器件库中选择直流电压源、直流电流源、电阻连接成图4.1.1所示电路,改变电源电压值,再次获得相关数值(改变电压源电压值的方法:双击电压符号,在 Viltage 中改变电压源电压值)。将数据记录于表格 4-1-1 中。

表 4-1-1　电阻伏安特性

I(A)　　U(V) R(kΩ)	0	2	4	6	8	10
0.1						
2						

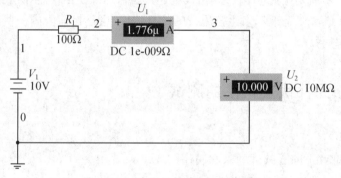

图 4.1.1　电阻元件伏安特性测量

2. 一般硅二极管的伏安特性

创建电路:从相关元器件库中选择相应的元器件,按图 4.1.2 所示电路连接好。

(1)正向调节电压源电压,观察电压表和电流表读数,将数据记录于表 4-1-2 中。

(2)反向调节电压源电压,观察电压表和电流表读数,将数据记录于表 4-1-3 中。

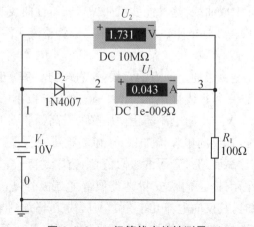

图 4.1.2　二极管伏安特性测量

表 4-1-2 正向特性实验数据

U(V)	0	0.25	0.5	0.55	0.58	0.6	0.65
I(mA)							
U(V)	0.7	0.71	0.72	0.73	0.74	0.75	
I(mA)							

表 4-1-3 反向特性实验数据

U(V)	0	-1	-2	-3	-4	-5
I(mA)						
U(V)	-6	-10	-15	-20	-25	
I(mA)						

3. 理想电压源的伏安特性

创建电路,从相关元器件库中选择相应的元器件,按图 4.1.3 所示电路连接好,改变负载值,观察电压表和电流表读数,将数据记录于表 4-1-4 中。

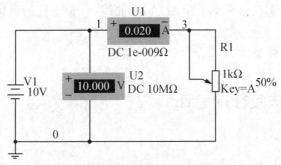

图 4.1.3 理想电压源伏安特性测量

表 4-1-4 理想电压源伏安特性

R_1(Ω)	100	200	300	450	500	650
U(V)						
I(mA)						

4. 实际电压源的伏安特性

创建电路,从相关元器件库中选择相应的元器件,按图 4.1.4 所示电路连接好,改变负载值,观察电压表和电流表读数,将数据记录于表 4-1-5 中。

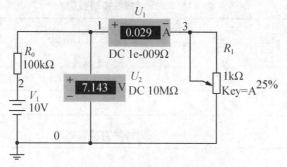

图 4.1.4　实际电压源伏安特性测量

表 4-1-5　实际电压源伏安特性

$R_1(\Omega)$	100	200	300	450	500	650	∞
$U(\mathrm{V})$							
$I(\mathrm{mA})$							

四、实验报告要求

1. 将所有数据分别在方格纸上绘制 $U-I$ 曲线,直角坐标的纵轴一律用来表示电压。应注意在绘制的曲线上标明刻度、合理取值并符合工程要求。

2. 本次实验的心得与体会。

4.2　基尔霍夫定律的验证

一、实验目的

1. 验证基尔霍夫定律与叠加原理的正确性,加深对电路的电流、电压参考方面的理解。

2. 正确使用直流稳压电源、电流表、电压表,学会用电流插头、插座测量各支路电流的方法。

二、实验原理

基尔霍夫定律有两条:一是电流定律,另一是电压定律。

基尔霍夫电流定律(简称 KCL):在任一时刻,流入到电路任一节点的电流总和等于从该节点流出的电流总和,换句话说就是在任一时刻,流入到电路任一节点的电流的代数和为零。这一定律实质上是电流连续性的表现。运用这条定律时必须注意电流的方向,如果不知道电流的真实方向时可以先假设每一电流的正方向(也称参考方向),根据参考方向就可写出基尔霍夫的电流定律表达式。一般形式就是 $\sum I = 0$ 。

基尔霍夫电压定律(简称 KVL):在任一时刻,沿闭合回路电压降的代数和总等于零。把这一定律写出成一般形式即为 $\sum U = 0$ 。

三、实验内容及步骤

创建电路,选取相关元件,按图 4.2.1 连接好电路。

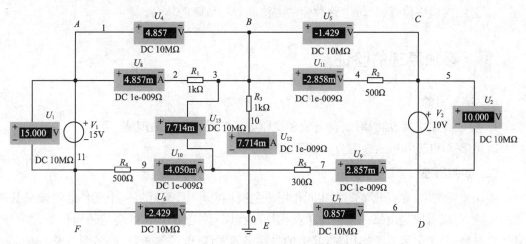

图 4.2.1 基尔霍夫定律测量图

1. 用直流电流表分别测量 I_{EF}、I_{AB}、I_{BC}、I_{BE}、I_{DE},将测量结果记入表 4-2-1 中,并验证电流,验证 $\sum I_B$ 和 $\sum I_E$ 是否等于 0。

2. 用直流电压表测量 U_{AF}、U_{FE}、U_{ED}、U_{BE}、U_{AB},U_{BC}、U_{CD},将测量结果记入表 4-2-2 中,并验证 $\sum U_{ABEF}$ 和 $\sum U_{BCDE}$ 是否等于 0。

表 4-2-1 基尔霍夫电流定律

$V_1 = 15$ V $\qquad$ $V_2 = 10$ V

序列	I_{EF}	I_{AB}	I_{BC}	I_{BE}	I_{DE}
测量值(mA)					
计算值 $\sum I_B$					
计算值 $\sum I_E$					

表 4-2-2 基尔霍夫电压定律

$V_1 = 15$ V $\qquad$ $V_2 = 10$ V

序列	U_{AF}	U_{FE}	U_{ED}	U_{BE}	U_{AB}	U_{BC}	U_{CD}
测量值(V)							
计算值 $\sum U_{ABEF}$							
计算值 $\sum U_{BCDE}$							

四、实验报告要求

1. 根据实验数据与理论计算数据,分析误差产生原因。
2. 总结实验中检查、分析电路故障的方法和查找故障的体会。

4.3　叠加原理的验证

一、实验目的

1. 验证叠加原理,加深对支路电流和支路电压的线性叠加的理解。
2. 加深对电流和电压参考方向的理解。

二、实验原理

叠加原理指出:在有几个电源共同作用下的线性电路中,通过每一个元件的电流或其两端的电压,可以看成是由每一个电源单独作用时在该元件上所产生的电流或电压的代数和。具体方法是:一个电源单独作用时,其他的电源必须去掉(电压源短路,电流源开路);在求电流或电压的代数和时,当电源单独作用时电流或电压的参考方向与共同作用时的参考方向一致时,符号取正,否则取负。在图 4.3.1 中:

$I_1=I_1'-I_1''; I_2=I_2'+I_2''; I_3=I_3'+I_3''; U=U'+U''$

叠加原理反映了线性电路的叠加性,线性电路的齐次性是指当激励信号(如电源作用)增加或减小 K 倍时,电路的响应(即在电路其他各电阻元件上所产生的电流和电压值)也将增加或减小 K 倍。叠加性和齐次性都只适用于求解线性电路中的电流、电压。对于非线性电路,叠加性和齐次性都不适用。

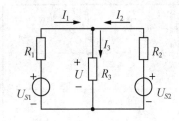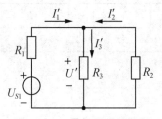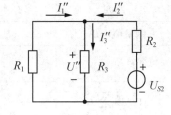

图 4.3.1　叠加原理原理图

三、实验内容及步骤

创建电路,选取相关元器件,分别按图 4.3.2、图 4.3.3 和图 4.3.4 所示电路图连接好电路,观察各电压表和电流表的读数,并将测量数据记录于表 4-3-1 中。

表 4-3-1　叠加原理实验数据($V_1 = 10$ V, $I_1 = 20$ mA)

	U_{R1} (V)			U_{R2} (V)			U_{R3} (V)		
	测量	计算	误差	测量	计算	误差	测量	计算	误差
$V_1 = 10$ V 单独作用									
$I_1 = 20$ mA 单独作用									
V_1 和 I_1 共同作用									
	I_{R1} (mA)			I_{R2} (mA)			I_{R3} (mA)		
	测量	计算	误差	测量	计算	误差	测量	计算	误差
$V_1 = 10$ V 单独作用									
$I_1 = 20$ mA 单独作用									
V_1 和 I_1 共同作用									

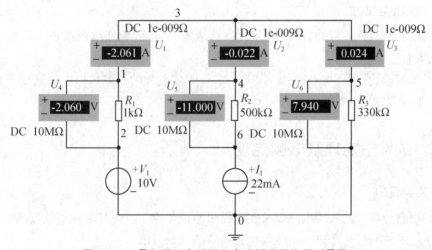

图 4.3.2　叠加原理电压源和电流源共同作用测量图

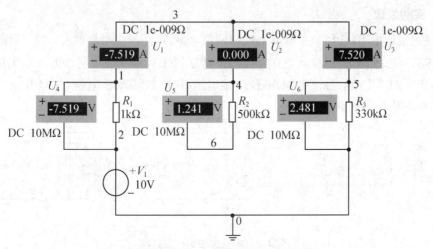

图 4.3.3　叠加原理电压源单独作用测量图

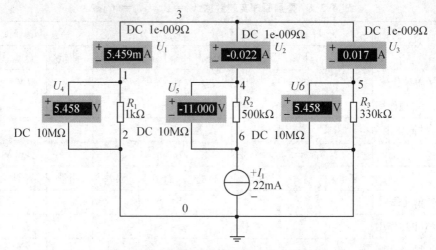

图 4.3.4　叠加原理电流源单独作用测量图

四、实验报告要求

1. 根据实验数据进行分析,比较、归纳、总结实验结论,验证电源两种实际模型间相互等效的正确性。

2. 根据实验数据可以验证叠加原理成立,对于偏差大的几组数据可以从仪表量限误差来分析产生误差的原因。

4.4　戴维宁定理及诺顿定理

一、实验目的

1. 利用自行设计的实验电路以及实验结果验证戴维宁定理与电源等效变换条件。

2. 学习线性有源一端口网络等效电路参数的测量方法。

3. 加深对电压源和电流源特性的理解。

二、实验原理

戴维宁定理指出:任何一个有源一端口网络,总可以用一个电压源 U_S 和一个电阻 R_S 串联组成的实际电源来代替,其中:电压源 U_S 等于这个有源一端口网络的开路电压 U_{OC},内阻 R_S 等于该网络中所有独立电源均置零(接电压源端口短接,接电流源端口开路)后的等效电阻 R_0。如图 4.4.1(a)、(b)所示。

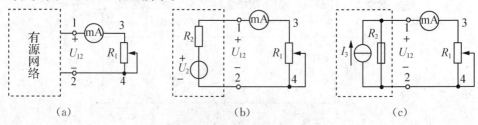

（a）　　　　　　　　　（b）　　　　　　　　　（c）

图 4.4.1　戴维宁定理原理图

诺顿定理指出：任何一个有源一端口网络，总可以用一个电流源 I_S 和一个电阻 R_S 并联组成的实际电流源来代替，其中：电流源 I_S 等于这个有源一端口网络的短路电流 I_{SC}，内阻 R_S 等于该网络中所有独立电源均置零(接电压源端口短接，接电流源端口开路)后的等效电阻 R_0。如图 4.4.1(a)、(c)所示。

三、实验内容及步骤

1. 戴维宁定理

创建电路，选取相关元器件，按图 4.4.2 连接好。改变电阻 R_3 的值，观察电压表和电流的读数变化，并将数据记录于表 4-4-1 中。

表 4-4-1　戴维宁定理

$R_L(\Omega)$	0	10	20	50	100	200	300	500	1000	∞
$U_{AB}(V)$										
$I_{AB}(mA)$										

根据测量结果，应用开路电压 U_{OC} 和短路电流 I_{SC}，计算出等效电阻 $R_{eq}=\dfrac{R_{OC}}{I_{SC}}$。然后将有源一端口网络应用开路电压和等效电阻串联组合去等效替代，连接好电路，改变负载电阻的阻值，观察电压表和电流读数的变化，并将数据记录于表 4-4-2 中。

表 4-4-2　戴维宁定理等效

$R_L(\Omega)$	0	10	20	50	100	200	300	500	1000	∞
$U_{AB}(V)$										
$I_{AB}(mA)$										

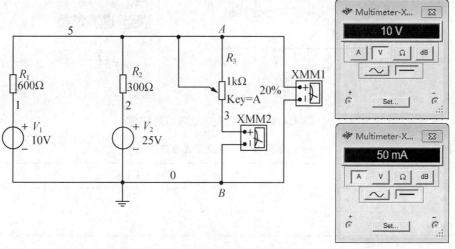

图 4.4.2　戴维宁定理测量图

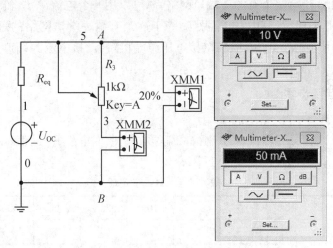

图 4.4.3　戴维宁定理等效电路测量图

2. 诺顿定理

将有源一端口网络应用短路电流和等效电阻串联组合去等效替代,连接好电路,改变负载电阻的阻值,观察电压表和电流读数的变化,并将数据记录于表 4-4-3 中。

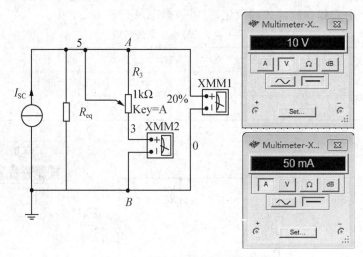

图 4.4.4　诺顿定理等效电路测量图

表 4-4-3　诺顿定理等效

$R_L(\Omega)$	0	10	20	50	100	200	300	500	1 000	∞
$U_{AB}(V)$										
$I_{AB}(mA)$										

四、实验报告要求

1. 根据实验数据进行分析,比较、归纳、总结实验结论,验证戴维宁定理和诺顿定理的正确性。

2. 根据实验数据验证戴维宁定理和诺顿定理的成立,对于偏差大的几组数据可以从仪表量限误差来分析产生误差的原因。

4.5 一阶串联电路瞬态响应

一、实验目的

1. 掌握用虚拟仪器观察和分析电路过渡过程响应的方法。

2. 研究 RC 一阶电路的零输入响应、在直流激励下的零状态响应和方波响应的基本规律和特点。

3. 了解一阶电路时间常数对过渡过程的影响,并测定时间常数。

4. 研究 RC 电路的微分、积分响应。

二、实验原理

1. 含有 L、C 储能元件的电路,其响应可由微分方程求解,凡是可用一阶微分方程描述的电路,称为一阶电路,一阶电路通常由一个储能元件和若干个电阻元件组成。

2. 储能元件初始值为零的电路对激励的响应称为零状态响应。

如图 4.5.1 所示电路,合上开关 S,直流电源经 R 向 C 充电,由方程

$$u_C + RC\frac{\mathrm{d}u_C}{\mathrm{d}t} = u_S \quad t \geqslant 0$$

初始值 $u_C(0_-) = 0$,可得零状态响应为:

$$u_C(t) = u_S(1 - \mathrm{e}^{-t/\tau}) \quad t \geqslant 0$$

$$i_C(t) = \frac{u_S}{R}\mathrm{e}^{-t/\tau} \quad t \geqslant 0$$

其中:$\tau = RC$ 称为时间常数,它是反映电路过渡过程快慢的物理量,τ 越大,过渡过程时间越长,反之 τ 越小,过渡过程的时间越短。

3. 电路在无激励情况下,由储能元件的初始状态引起的响应称为零输入响应。

如图 4.5.1 所示电路在 $t=0$ 时断开 S。电容 C 的初始电压 $u_C(0_+)$ 经 R 放电,由方程

$$u_C + RC\frac{\mathrm{d}u_C}{\mathrm{d}t} = 0 \quad t \geqslant 0,$$

初始值 $u_C(0_+) = U_0$,可得零输入响应:

$$u_C(t) = U_0 \mathrm{e}^{-\frac{t}{\tau}} \quad t \geqslant 0 \quad i_C(t) = \frac{U_0}{R}\mathrm{e}^{-\frac{t}{\tau}} \quad t \geqslant 0$$

4. 电路在输入激励和初始状态共同作用下引起的响应称为全响应,电容有初始储能,初始值为 $u_C(0_+)$,当 $t=0$ 时合上 S,可得全响应为:

$$u_C(t) = U_S(1 - \mathrm{e}^{-\frac{t}{\tau}}) + U_C(0_-)1 - \mathrm{e}^{-\frac{t}{\tau}} \quad t \geqslant 0$$

$$\underset{\text{零状态分量}}{} \quad \underset{\text{零输入分量}}{}$$

$$u_C(t) = [U_C(0_+) - U_S]\mathrm{e}^{-\frac{t}{\tau}} + U_S \quad t \geqslant 0$$

$$\underset{\text{自由分量}}{} \quad \underset{\text{强制分量}}{}$$

$$i_{u_{\mathrm{C}}}(t)=\frac{U_{\mathrm{S}}}{R}\mathrm{e}^{-\frac{t}{\tau}}-\frac{U_{\mathrm{C}}(0_{+})}{R}\mathrm{e}^{-\frac{t}{\tau}} \quad t\geqslant 0$$

零状态分量 零输入分量

$$i_{u_{\mathrm{C}}}(t)=\frac{U_{\mathrm{S}}-U_{\mathrm{C}}(0_{+})}{R}\mathrm{e}^{-\frac{t}{\tau}} \quad t\geqslant 0=\frac{U_{\mathrm{S}}-U_{\mathrm{C}}(0_{-})}{R}\mathrm{e}^{-\frac{t}{\tau}} \quad t\geqslant 0$$

自由分量

5. RC电路的方波脉冲激励情况下的响应。当电路的时间常数τ远小于方波周期时，可视为零状态响应和零输入响应的多次过程。方波的前沿相当于电路一个阶跃输入，其响应就是零状态响应，方波的后沿相当于电容具有初始值$u_{\mathrm{C}}(0_{-})$时把电源和短路置换，电路响应转换成零输入响应。为了清楚地观察到响应的全过程，使方波的半周期$\frac{T}{2}$和时间常数τ保持$\frac{T}{2}$：$\tau=5$：1左右的关系。

RC电路充放电时间常数τ可以从响应波形中估算出。设时间坐标单位t确定，对于充电曲线，幅值上升到终值的63.2%所对应的时间即为一个τ，对于放电曲线，幅值下降到初值的36.8%所对应的时间即为一个τ。

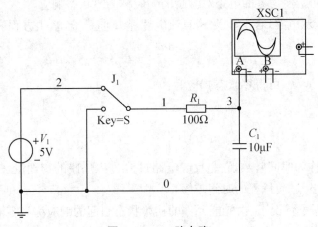

图 4.5.1 一阶电路

三、实验内容及步骤

1. 电容充放电实验

创建电路，选取相关元器件，按图 4.5.1 所示电路连接实验电路，闭合和断开开关，观察输出波形。

①选择$R=100\ \Omega$，$C=10\ \mu\mathrm{F}$，$U=5\ \mathrm{V}$。

②用示波器观察U_{C}在零状态响应（开关从断开到合上的状态）及零输入响应（开关从合上到断开的状态），观察示波器输出波形将波形记录于表 4-5-1 中。

③改变电阻R的值，改变电容C的值，再观察示波器输出波形的变化，并记录波形。

表 4-5-1　一阶电路响应

$R=100\ \Omega,C=10\ \mu F,U=5\ V$		
零状态响应	零输入响应	
U_C 波形	U_C 波形	估算 τ 值

2. 选取元器件按图 4.5.2 所示电路接线,观察示波器输出波形。

①选 $R_1=200\ \Omega,C=0.47\ \mu F$。

②选择 U_i 在 500 Hz、1 kHz、10 kHz、20 kHz 时观察并记录 U_o、I_o 的波形。

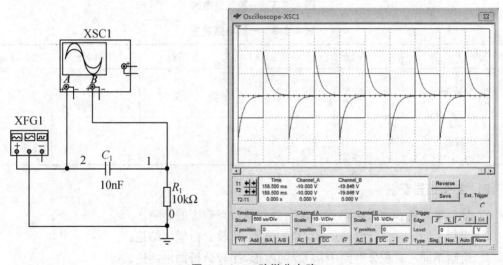

图 4.5.2　一阶微分电路

表 4-5-2　一阶电路响应

f	500 Hz	1 kHz	5 kHz	10 kHz	20 kHz
U_o 波形					
I_o 波形					

3. 按如图 4.5.3 所示连接实验电路,经检查无误后,合上电源开关。

①选 $R_1=200\ \Omega,C=0.47\ \mu F$。

②选择 U_i 在 500 Hz、1 kHz、5 kHz、10 kHz、20 kHz 时观察并记录 U_o、I_o 的波形。

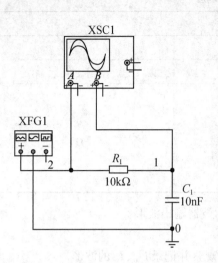

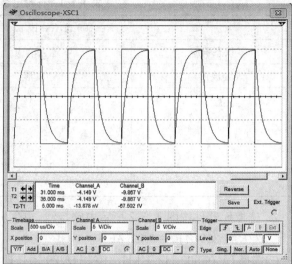

图 4.5.3　一阶积分电路

表 4-5-3　一阶电路响应

f	500 Hz	1 kHz	5 kHz	10 kHz	20 kHz
U_o 波形					
I_o 波形					

四、实验报告要求

1. 分析电路各参数对电路零输入响应和零状态响应的影响。

2. 绘制不同 τ 时微分电路中 $u_R(t)$ 的波形,比较分析做出结论。

3. 绘制不同 τ 时积分电路中 $u_C(t)$ 的波形,比较分析做出结论。

4. 从方波响应 $u_C(t)$ 的波形中估算出 τ,并与理论计算值相比较。

4.6　二阶串联电路瞬态响应

一、实验目的

1. 观察二阶网络在过阻尼、临界阻尼和欠阻尼三种情况下响应波形。

2. 研究二阶网络参数与响应的关系。

3. 进一步掌握示波器的使用。

二、实验原理

RLC 串联电路,无论是零输入响应,或是零状态响应,电路过渡过程的性质,完全由特征方程 $LCP^2 + RCP + 1 = 0$ 的特征根

$$P_{1,2}=-\frac{R}{2L}\pm\sqrt{\left(\frac{R}{2L}\right)^2-\left(\frac{1}{LC}\right)^2}=-\delta\pm\sqrt{\delta^2-\omega_0^2}$$

来决定,式中 $\delta=\dfrac{R}{2L}$，$\omega_0=\dfrac{1}{\sqrt{LC}}$

(1) 如果 $R>2\sqrt{\dfrac{L}{C}}$，则 $P_{1,2}$ 为两个不相等的负实根,电路过渡过程性质为阻尼非振荡过程。

(2) 如果 $R=2\sqrt{\dfrac{L}{C}}$，则 $P_{1,2}$ 为两个不相等的负实根,电路过渡过程性质为阻尼过程。

(3) 如果 $R<2\sqrt{\dfrac{L}{C}}$，则 $P_{1,2}$ 为一对共轭复很,电路过渡过程的性质为欠阻尼的振荡过程。

(4) 如果 $R=0$,则放电过程为等幅振荡过程。

改变电路参数 R,L 或 C,均可使电路发生上述三种不同性质的过程。

从能量变化的角度来说明。由于 RLC 电路中存在着两种不同性质的储能元件,因此它的过渡过程就不仅是单纯的积累能量和放出能量,还可能发生电容的电场能量和电感的磁场能量互相反复交换的过程,这一点决定于电路参数。当电阻比较小时(该电阻应是电感线圈本身的电阻和回路中其余部分电阻之和),电阻上消耗的能量较小,而 L 和 C 之间的能量交换占主导位置,所以电路中的电流表现为振荡过程,当电阻较大时,能量来不及交换就在电阻中消耗掉了,使电路只发生单纯的积累或放出能量的过程,即:非振荡过程。

在电路发生振荡过程时,其振荡的性质也可分为三种情况:

(1) 衰减振荡:电路中电压或电流的振荡幅度按指数规律逐渐减小,最后衰减到零。

(2) 等幅振荡:电路中电压或电流的振荡幅度保持不变,相当于电路中电阻为零,振荡过程不消耗能量。

(3) 增幅振荡:此时电压或电流的振荡幅度按指数规律逐渐增加,相当于电路中存在负值电阻,振荡过程中逐渐得到能量补充。所以,RLC 二阶电路瞬态响应的各种形式与条件可归结如下:

① $R>2\sqrt{\dfrac{L}{C}}$ 非振荡阻尼过程

② $R=2\sqrt{\dfrac{L}{C}}$ 非振荡临界阻尼过程

③ $R<2\sqrt{\dfrac{L}{C}}$ 衰减振荡状态

④ $R=0$ 等幅振荡状态

⑤ $R<0$ 增幅振荡状态

必须注意,最后两种状态的实现,电路中需接入负电阻元件。

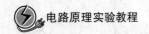

三、实验内容及步骤

1. 创建电路,从元器件库中选择电压源、电阻、电容、电感、单刀双掷开关和虚拟示波器,按图 4.6.1 所示电路接线。

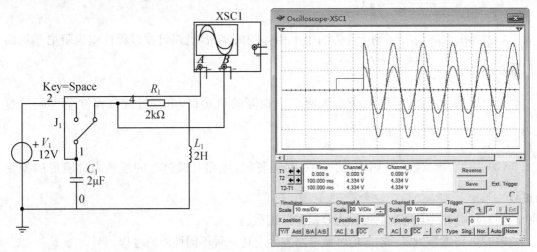

图 4.6.1　二阶电路测量图

2. 按空格键,首先将开关切换到电压源上,让电容充电,获得初始储能后,再将开关切换到电感端,观察电容和电感的充放电过程。

3. 在二阶 RLC 电路中,电阻 R 是耗能元件,振荡曲线随电阻的大小而不同,在如图 4.6.2所示的波形和如图 4.6.3 所示的波形中,$R \geqslant 2\sqrt{\dfrac{L}{C}}$,放电过程为非振荡;在如图 4.6.4所示的波形中,$R < 2\sqrt{\dfrac{L}{C}}$,放电过程为振荡放电;在如图 4.6.5 所示的波形中,电阻 $R = 0$,放电时,电路无耗能元件,则放电过程中无能量消耗,为等幅振荡。该仿真过程可以十分直观、真实地研究、了解二阶电路在不同参数下的过渡过程。

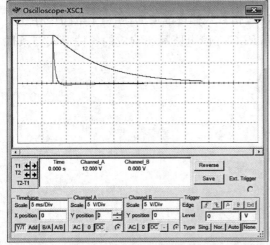

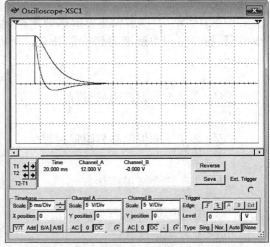

图 4.6.2　过阻尼振荡放电波形　　　　图 4.6.3　临界阻尼振荡放电波形

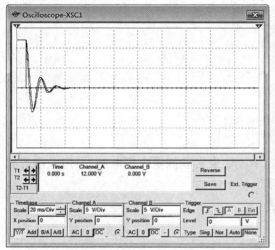
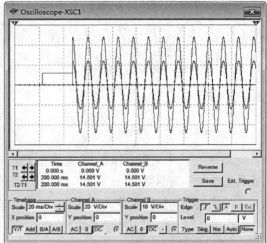

图 4.6.4　欠阻尼振荡放电波形　　　　图 4.6.5　无阻尼振荡放电波形

四、实验报告要求

1. 根据观测结果,绘制出二阶电路过阻尼、临界阻尼和欠阻尼的响应波形。

2. 结合元件的参数改变,对响应变化趋势的影响加以分析讨论。

4.7　交流电路元件参数的测量

一、实验目的

1. 掌握阻抗和功率因数的意义。

2. 掌握交流电路参数的测量方法、分析和计算。

二、实验原理

1. 交流电路中的基本参数是电阻、电感及电容。一般说来这三者是"形影不离,不可分割"的,但在一定的条件下往往可以近似处理。

(1) 在频率不高的情况下往往忽略元件分布电容和分布电感的影响,而在频率较高的时候又往往忽略元件电阻的作用。

(2) 在某种情况下可以把分布参数的作用等效为一集中参数来加以考虑。本实验中将在 50 Hz 工频交流的电源下测试一些电路元件的等效集中参数。

2. 交流电路参数的测试方法很多,基本上可分两大类。

(1) 元件参数仪器测试法,如用万用表测电阻、阻抗电桥测电感、电容以及使用各种专用参数仪器进行测量。

(2) 元件参数"实际"测试法,即元件加上实际工作时的电压或电流通过计算得到等效参数,这种方法有实际意义,对线性元件和非线性元件都适用,例如测试变压器的等效参数必须在额定电压或额定电流情况下进行,测试铁心线圈参数也应该在实际工作电压或电流下进行,因为这些参数都与电压或电流大小有关。

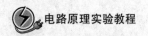

RLC 电路理论计算公式：

$$Z=R+jX_L-jX_C=R+j\omega L-\frac{1}{j\omega C}$$

$$|Z|=\sqrt{R^2+(X_L-X_C)^2}$$

$$\cos\varphi=\frac{R}{|Z|}$$

$$\varphi=\arctan\frac{X}{R}=\arctan\frac{X_L-X_C}{R}$$

3. 本实验中采用电压表、电流表法和用功率表法来实验测量含用电感、电阻及电容组成的电路的等值参数。

计算负载阻抗及负载元件的功率因数公式：

负载阻抗 $|Z|=\dfrac{U_S}{I}$

功率因素 $\cos\varphi=\dfrac{U_1^2-U_3^2-U_2^2}{2U_2U_3}$

功率因素角 $\varphi=\arccos\varphi$

4. 采用功率表法来实验测量含用电感、电阻及电容组成的电路的等值参数。

负载阻抗 $|Z|=\dfrac{U_S}{I}$

功率因素 $\cos\varphi=\dfrac{P}{UI}$

功率因素角 $\varphi=\arccos\varphi$

三、实验内容及步骤

1. 采用电压表、电流表法

创建电路，从元器件库中选择 3 个电阻、1 个电容、1 个电感、1 个交流电压源，从虚拟仪表中选择 4 只万用表，按图 4.7.1 连接电路。双击电阻、电容、电感和电压源的值，修改其参数，三只万用表用来测量电压，一只万用表用来测量电流，如图 4.7.1 所示。观察各万用表的读数，并将数据记录于表 4-7-1 中。

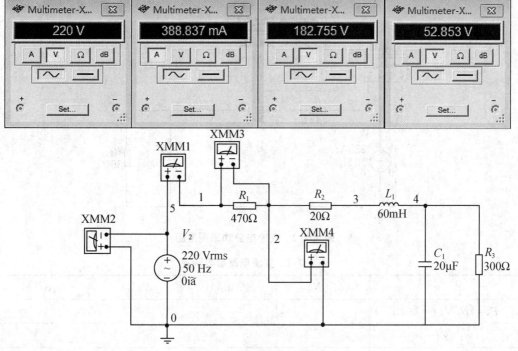

图 4.7.1　交流参数测量图

表 4-7-1　交流电路参数测量

	A(mA)	V_1(V)	V_2(V)	V_3(V)
$E_S=220$ V, $f=50$ Hz				
$\lvert Z \rvert$				
$\cos\varphi$				
φ				

2. 采用功率表法

创建电路,从元器件库中选择 3 个电阻、1 个电容、1 个电感、1 个交流电压源,从虚拟仪表中选择 1 只功率表,按图 4.7.2 连接电路。双击电阻、电容、电感和电压源的值,修改其参数,如图 4.7.2 所示。观察各功率表的读数,并将数据记录于表 4-7-2 中。

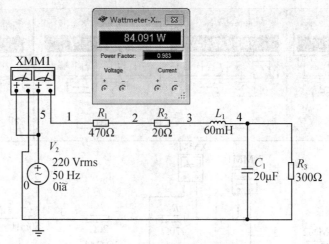

图 4.7.2 交流电路功率测量图

表 4-7-2 交流电路参数测量

	$P(\mathrm{W})$	$A(\mathrm{mA})$	$V(\mathrm{V})$	$\cos \varphi$
$E_s=220\ \mathrm{V}, f=50\ \mathrm{Hz}$				
$\|Z\|$				
$\cos \varphi$				
φ				

四、实验报告要求

1. 分析 RLC 串联电路时,电路中阻抗、电压和电流的计算。

2. 绘制电压、功率和阻抗三角形。

3. 根据测量数据,绘制出相应的相量图。

4.8 功率因数提高实验

一、实验目的

1. 研究提高交流电路的功率因数的方法和意义。

2. 进一步熟悉、掌握使用交流仪表和自耦调压器。

3. 进一步加深对相位差等概念的理解。

二、实验原理

供电系统由电源(发电机或变压器)通过输电线路向负载供电。负载通常有电阻负载,如白炽灯、电阻加热器等,也有电感性负载,如电动机、变压器、线圈等,一般情况下,这两种负载会同时存在。由于电感性负载有较大的感抗,因而功率因数较低。

若电源向负载传送的功率 $P=UI\cos \varphi$,当功率 P 和供电电压 U 一定时,功率因数 $\cos \varphi$ 越低,线路电流 I 就越大,从而增加了线路电压降和线路功率损耗,若线路总电阻为 R_1,则线路电压降和线路功率损耗分别为 $\Delta U = IR_1$ 和 $\Delta P = I^2R_1$；另外，负载的功率因数越低，表明无功功率就越大，电源就必须用较大的容量和负载电感进行能量交换，电源向负载提供有功功率的能力就必然下降，从而降低了电源容量的利用率。因而，要提高供电系统的经济效益和供电质量，必须采取措施提高电感性负载的功率因数。

通常提高电感性负载功率因数的方法是在负载两端并联适当数量的电容器，使负载的总无功功率 $Q = Q_L - Q_C$ 减小，在传送的有功率 P 不变时，使得功率因数提高，线路电流减小。当并联电容器的 $Q_L = Q_C$ 时，总无功功率 $Q = 0$，此时功率因数 $\cos\varphi = 1$，线路电流 I 最小。若继续并联电容器，将导致功率因数下降，线路电流增大，这种现象称为过补偿。负载功率因数可以用三表法测量电源电压 U、负载电流 I 和功率 P，用公式 $\lambda = \cos\varphi = \dfrac{P}{UI}$ 计算。

三、实验内容及步骤

1. 创建电路，从元器件库中选择 1 个电阻、1 个电感、1 个电容和 1 个交流电压源，从虚拟仪器中选择一个功率表和两只万用表，分别用来测量电流和电压，电路元件参数按图 4.8.1 所示电路修改，并连接好。观察万用表和功率表的读数，并将数据记录于表 4-8-1 中。

表 4-8-1　电感性负载功率因素的测量数据

U_L(V)	I(A)	U_R(V)	P(W)	$\cos\varphi$

2. 首先测量没有并联电容条件下，电路中有功功率及功率因数、电压、电流，然后将该负载两端并联一个可变电容，如图 4.8.2 所示。调节电容的大小，再测量电路的电压、电流、总功率及功率因数，观察功率是否发生变化，并将结果记录于表 4-8-2 中，同时记录功率因数为 1 时的电容的值。然后继续增大电容，再观察电路中各参数的变化情况，并将数据记读数稳录下来。

注意：每次改变电容时，必须对电路重新进行仿真，并且等待虚拟数字功率表稳定之后再记录数据。

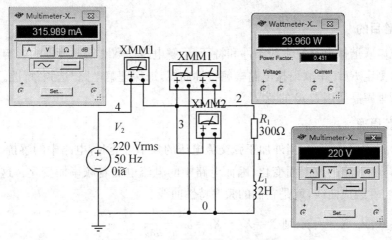

图 4.8.1　电感性负载功率测量图

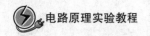

表 4-8-2　负载功率因数的提高

U(V)	I(A)	P(W)	cos φ	电容(μF)

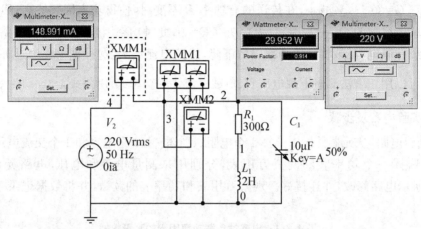

图 4.8.2　功率因数提高实验测量图

四、实验报告要求

1. 根据实验1、2数据,计算出负载和并联不同电容器时的功率因数,并说明并联电容器对功率因数的影响。

2. 画出所有电流和电源电压的相量图,说明改变并联电容的大小时,相量图有何变化?

3. 根据实验数据,从减小线路电压降、线路功率损耗和充分利用电源容量两个方面说明提高功率因数的经济意义。

4.9　串联谐振电路

一、实验目的

1. 研究串联谐振电路发生的条件和特征,了解电路参数对谐振特性的影响。

2. 学习测定 RLC 串联谐振电路幅频特性曲线,加深理解电路"选频"特性。

3. 加深理解品质因数 Q 的意义。

二、实验原理

在 R、L、C 串联电路中,当外加正弦交流电压的频率可变时,电路中的感抗、容抗和电抗都随着外加电源频率的改变而变化,因而电路中的电流也随着频率而变化。这些物理量随频率而变的特性绘成曲线,就是它们的频率特性曲线。

由于 $X_L=\omega L, X_C=\dfrac{1}{\omega C}$,则 $X=X_L-X_C=\omega L-\dfrac{1}{\omega C}$

$$Z=\sqrt{R^2+\left(\omega L-\frac{1}{\omega C}\right)^2}\,,\varphi=\arctan\frac{\omega L-\dfrac{1}{\omega C}}{R}\,。$$

当 $X_L=X_C$ 时的频率叫做串联谐振角频率 ω_0，这时电路是呈谐振状态，谐振角频率为 $\omega=\omega_0=\dfrac{1}{\sqrt{LC}}$，谐振频率：$f_0=\dfrac{1}{2\pi\sqrt{LC}}$。

可见谐振频率决定于电路参数 L 及 C，随着频率的变化，电路的性质在 $\omega<\omega_0$ 时呈容性，$\omega>\omega_0$ 时电路呈感性，$\omega=\omega_0$ 即在谐振点电路出现纯阻性。

如维持外加电压 U 不变，并将谐振时的电流表示为：$I_0=\dfrac{U}{R}$。

电路的品质因数 Q 为：$Q=\dfrac{\omega_0 L}{R}=\dfrac{1}{\omega_0 CR}$。

电路的 L 及 C 维持不变，只改变 R 的大小时，可以作出不同 Q 值的谐振曲线，Q 值越大，曲线越尖锐，在这些不同 Q 值谐振曲线图上，通过纵坐标 0.707 处作一平行于横轴的直线，与各谐振曲线交于两点 ω_1，ω_2，Q 值越大，这两点之间的距离越小，可以证明 $Q=\dfrac{\omega_0}{\omega_2-\omega_1}$。

上式说明电路的品质因数越大，谐振曲线越尖锐，电路的选择性越好，相对通频带 $\dfrac{\omega_0}{\omega_2-\omega_1}$ 越小，这就是 Q 值的物理意义。

三、实验内容及步骤

1. 测量电路谐振频率

创建电路，从元器件库存中选择最大值为 $L=200$ mH 的可变电感，$C=0.1$ μF，$R=300$ Ω，$U=5$ V，从虚拟仪器中选择双踪示波器，按图 4.9.1 连接。

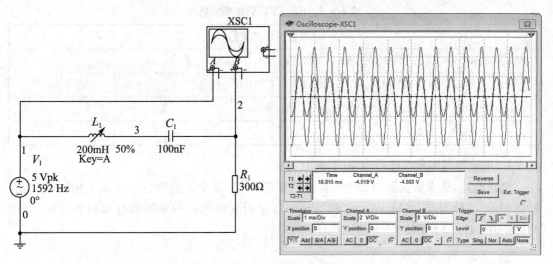

图 4.9.1　RLC 串联谐振测量图

163

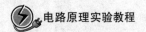

2. 测量电路的幅频特性

①保持 $U=5$ V 幅值基本不变,改变电源频率,测量 U_R、U_C、U_L 的值,并观察 U_R,U 的相位,将数据记入表 4-9-1。

②计算 Q,画幅频特性 $\dfrac{U_R}{U}-f$。

$$f_0=\frac{1}{2\pi\sqrt{LC}}=\frac{1}{2\times3.14\sqrt{100\times10^{-3}\times100\times10^{-9}}}=1\ 592\ \text{Hz}$$

$$Q=\frac{\omega_0 L}{R}=\frac{2\times3.14\times1\ 592\times100\times10^{-3}}{300}=3.33$$

表 4-9-1 RLC 串联谐振幅频特性

串联谐振回路参数									
$L=100$ mH,$C=0.1$ μF,$R=300$ Ω,$f_0=1\ 592$ Hz									
f/f_0	0.1	0.5	1	1.1	1.5	2	3	5	10
f(Hz)									
U(V)									
U_R(V)									
U_L(V)									
U_C(V)									
U_R/U									

3. 测量电路的相频特性

保持 $U=5$ V 幅值基本不变,改变电源频率,从示波器上观察电压电流的相位,并测量出电压与电流之间的相位差 $\varphi=\varphi_u-\varphi_i$,将结果记录于表 4-9-2 中。

表 4-9-2 RLC 串联谐振相频特性

串联谐振回路参数									
$L=100$ mH,$C=0.1$ μF,$R=300$ Ω,$f_0=1\ 592$ Hz									
f/f_0	0.1	0.5	1	1.1	1.5	2	3	5	10
f(Hz)									
$\varphi_u-\varphi_i$									

4. 用波特图图示仪测量电路的频率特性

创建电路,从虚拟仪器列表中选择波特图图示仪,其余元器件与图 4.9.1 相同,双击波特图图示仪,分别点击"Magnitue"和"Phase",显示观察电路的幅频特性和相频特性,如图 4.9.2 和图 4.9.3 所示。

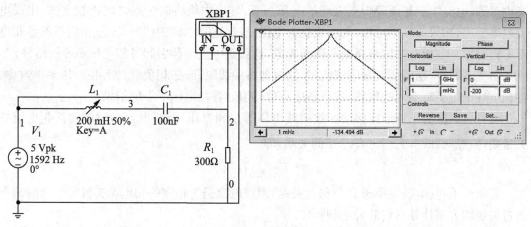

图 4.9.2　幅频特性

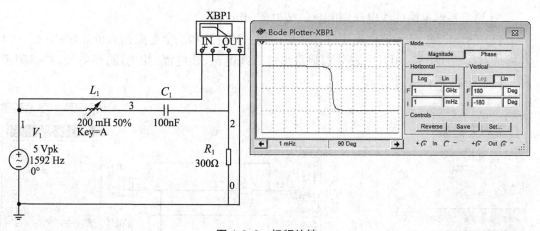

图 4.9.3　相频特性

四、实验报告要求

1. 根据实验数据进行分析、比较、归纳、总结实验结论,分析 RLC 串联谐振特性。
2. 根据实验数据与计算数据,分析误差产生原因。

4.10　三相交流电路电压、电流测量

一、实验目的

1. 正确理解三相三角连接和星形连接方式。
2. 掌握不同连接方式线电压、线电流、相电压和相电流的计算和测量。
3. 掌握三相对称负载和不对称负载的在不同连接方式中的计算和对电路的影响。

二、实验原理

若将负载接为星形连接。这时相电流等于线电流,如电源为对称三相电压,则因线电压是对应的相电压的矢量差。在负载对称时它们的有效值相差 $\sqrt{3}$ 倍,即 $U_1 = \sqrt{3}U_P$。各相电

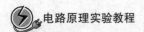
流也对称,电流中点与负载中点之间的电压为零,如用中线将两中点之间连接起来,中线电流也等于零,如果负载不对称,则中线就有电流流过,这时如将中线断开,三相负载的各相电压不再对称。各相电灯出现亮暗不同的现象,这就是中点位移引起各相电压不等的结果。

负载不对称,则中线就有电流流过,这时如将中线断开,三相负载的各相电压不再对称。各相电灯出现亮暗不同的现象,这就是中点位移引起各相电压不等的结果。

若将负载接为三角形连接法。这时线电压等于相电压,但线电流为对应的两相电流的矢量差,负载对称时,它们也有$\sqrt{3}$倍的关系,即

$$I_1 = \sqrt{3}\, I_P$$

若负载不对称,虽然不再有$\sqrt{3}$倍的关系,但线电流仍为相应的相电流矢量差。这时只有通过矢量图方能计算它们的大小和相位。

三、实验内容及步骤

1. 测量星形电路的线电压、相电压、线电流、相电流

(1) 创建电路,从元器件库中选择星形连接三相电源和三个电阻作为负载,按图 4.10.1 连接成对称三相电路,用万用表分别测量出负载线电压、线电流、相电压、相电流,并将测量结果记录于表 4-10-1 中。

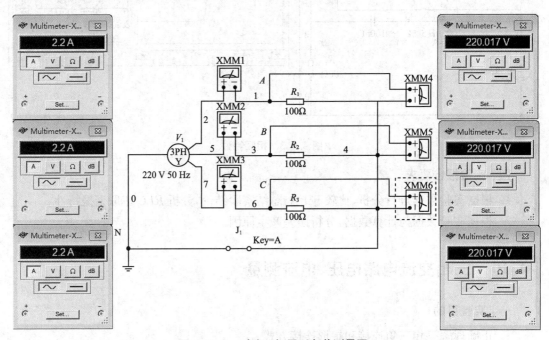

图 4.10.1 对称三相星形负载测量图

(2) 在图 4.10.1 中,B 相串联一个电阻,C 相串联两个电阻连接成不对称三相电路,如图 4.10.2 所示,用万用表分别测量出负载线电压、线电流、相电压、相电流,并将测量结果记录于表 4-10-1 中。

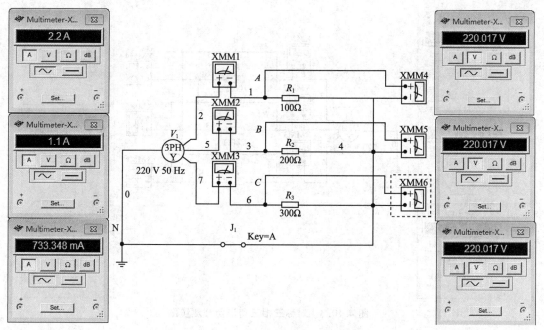

图 4.10.2　不对称三相星形负载测量图

表 4-10-1　三相星形连接电路

负载状态 \ 测量值		线电压(V)			相电压(V)			相电流(mA)			中线电流(mA)
		U_{AB}	U_{BC}	U_{CA}	U_A	U_B	U_C	I_A	I_B	I_C	
负载对称	有中线										
	无中线										
负载不对称	有中线										
	无中线										

2. 测量三角形电路的线电压、相电压、线电流、相电流

（1）创建电路,从元器件库中选择星形连接三相电源和三个电阻作为负载,按图 4.10.3 连接成对称三相电路,用万用表分别测量出负载线电压、线电流、相电压、相电流,并将测量结果记录于表 4-10-2 中。

（2）在图 4.10.1 中,B 相串联一个电阻,C 相串联两个电阻连接成不对称三相电路,如图 4.10.4 所示,用万用表分别测量出负载线电压、线电流、相电压、相电流,并将测量结果记录于表 4-10-2 中。

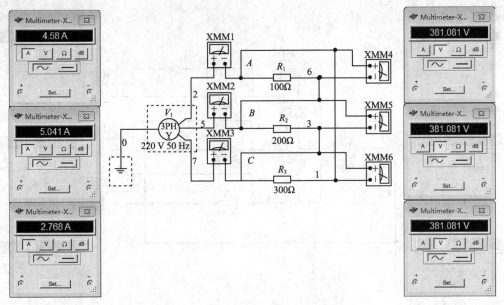

图 4.10.3 对称三相三角形负载测量图

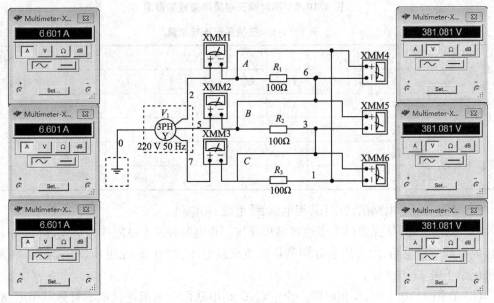

图 4.10.4 不对称三相三角形负载测量图

168

表 4-10-2　三相三角形连接电路

测量值\负载状态	线电压(V)			相电压(V)			相电流(mA)			线电流/相电流		
	U_{AB}	U_{BC}	U_{CA}	I_A	I_B	I_C	I_{AB}	I_{BC}	I_{CA}	I_A/I_{AB}	I_B/I_{BC}	I_C/I_{CA}
负载对称												
负载不对称												

四、实验报告要求

1. 对三相对称负载和不对称负载电路的测量结果进行分析比较,并做出结论。

2. 负载星形连接不三角形连接时,对其线电压、相电压、线电流和相电流的测量值进行分析和比较,得出结论。

4.11　三相有功、无功测试

一、实验目的

1. 正确理解交流电路中有功功率、无功功率和视在功率的含义及相互关系。

2. 掌握三相有功和无功的测量方法。

二、实验原理

工业生产和科学实验中经常碰到要测量三相电路中有功功率和无功功率的问题,测量的方法很多,根据供电线路形式与负载情况常用一瓦表法与二瓦表法进行测量。

1. 三相三线制供电,负载对称或不对称但连接方式为星形连接,且负载中点可引出接线时可采用一瓦表法测每相功率,三相总功率等于各相功率之和。(在这情况下功率表读出的每相功率对应于负载每相实际功率。)

2. 三相三线制供电,负载对称,星形连接或三角形连接情况下可采用一瓦表法来测量三相总无功功率。三相无功功率的表达式为 $Q=\sqrt{3}U_1I_1\sin\varphi$(式中 U_1,I_1 分别为对称三相电源的线电压和线电流)。

3. 三相三线制供电系统中利用二瓦表法来测量三相负载总功率时,不论负载对称或不对称,也不管负载是星形接法或三角形接法都是适合的。二瓦表法的读数之和等于三相总功率。

4. 三相三线制供电系统中对称负载,星形或三角形连接时测量三相负载的无功功率:功率表的连接方法与测有功功率相同,但测无功功率只能用于对称负载情况下,此时有三相无功功率为:

$$Q=\sqrt{3}U_1I_1\sin\varphi(P_2-P_1)$$

三、实验内容及步骤

1. 将三相灯负载按 Y 形连接,以一瓦特表测三相对称负载和不对称总功率。分别将测

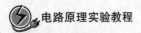

量结果记录到表 4-11-1、表 4-11-2 中。

2. 将三相灯负载改按成电容负载,重新上述实验。分别将测量结果记录到表 4-11-3、表 4-11-4 中。

3. 以两瓦特计法重复上述三项实验。分别将测量结果记录到表 4-11-5、表 4-11-6、表 4-11-7、表 4-11-8 中。

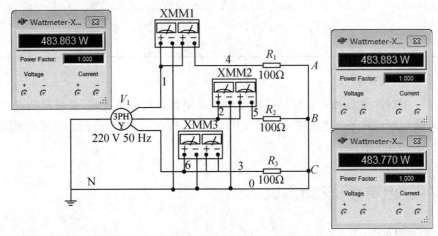

图 4.11.1　一表法对称三相负载有功功率测量

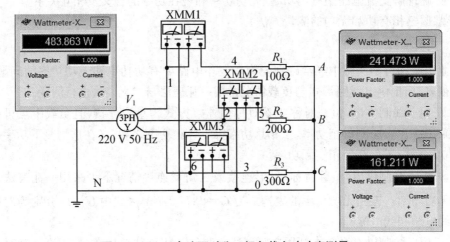

图 4.11.2　一表法不对称三相负载有功功率测量

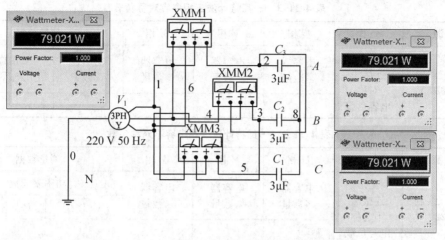

图 4.11.3　一表法对称三相负载无功功率测量

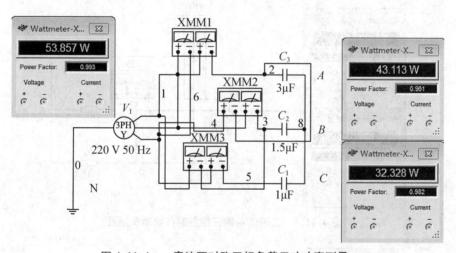

图 4.11.4　一表法不对称三相负载无功功率测量

表 4-11-1　一瓦特计法三相对称负载

电源	负载	U 相	V 相	W 相	测量数据			
三相三线制 380/220 V	星形连接法对称负载	灯泡功率 ×数量	灯泡功率 ×数量	灯泡功率 ×数量	功率表读数			
					P_A	P_B	P_C	$\sum P$

表 4-11-2　一瓦特计法三相不对称负载

电源	负载	U 相	V 相	W 相	测量数据			
三相三线制 380/220 V	星形连接法不对称负载	灯泡功率 ×数量	灯泡功率 ×数量	灯泡功率 ×数量	功率表读数			
					P_A	P_B	P_C	$\sum P$

表 4-11-3　一瓦特计法三相电容对称负载

电源	负载	U 相	V 相	W 相	测量数据	
三相三线制 380/220 V	星形 连接法 对称 电容负载	电容器 ×数量	电容器 ×数量	电容器 ×数量	功率表 读数 P	三相总功率 $\sqrt{3}P$

表 4-11-4　一瓦特计法三相电容不对称负载

电源	负载	U 相	V 相	W 相	功率表读数			
三相三线制 380/220 V	星形 连接法 不对称 电容负载	电容器 ×数量	电容器 ×数量	电容器 ×数量	P_A	P_B	P_C	$\sqrt{3}\sum P$

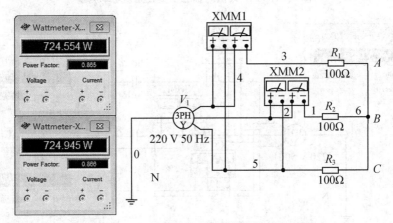

图 4.11.5　二表法对称三相负载有功功率测量

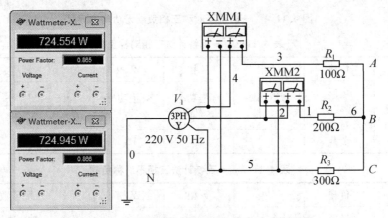

图 4.11.6　二表法不对称三相负载有功功率测量

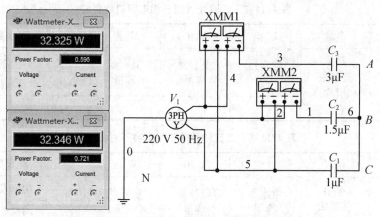

图 4.11.7 二表法对称三相负载无功功率测量

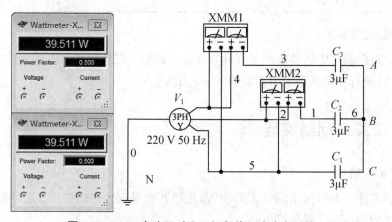

图 4.11.8 二表法不对称三相负载无功功率测量

表 4-11-5 二瓦特计法三相灯泡对称负载

电源	负载	U 相	V 相	W 相	测量数据		
		灯泡功率 ×数量	灯泡功率 ×数量	灯泡功率 ×数量	功率表读数		
三相三线制 380/220 V	三角形 连接法 对称 白炽灯负载				P_A	P_B	$\sum P$

表 4-11-6 二瓦特计法三相灯泡不对称负载

电源	负载	U 相	V 相	W 相	测量数据		
		灯泡功率 ×数量	灯泡功率 ×数量	灯泡功率 ×数量	功率表读数		
三相三线制 380/220 V	三角形 连接法 不对称 白炽灯负载				P_A	P_B	$\sum P$

表 4-11-7　二瓦特计法三相电容对称负载

电源	负载	U 相	V 相	W 相	测量数据		
三相三线制 380/220 V	星形连接法对称电容负载	电容器容量	电容器容量	电容器容量	功率表读数		
					P_A	P_B	$P_A - P_B$

表 4-11-8　二瓦特计法三相电容不对称负载

电源	负载	U 相	V 相	W 相	测量数据		
三相三线制 380/220 V	星形连接法不对称电容负载	电容器容量	电容器容量	电容器容量	功率表读数		
					P_A	P_B	$\sqrt{3}(P_A - P_B)$

四、实验报告要求

1. 完成数据表格中的各项测量和计算任务。比较一瓦特表和二瓦特表法的测量结果。

2. 总结、分析三相电路功率测量的方法与结果。

4.12　二端口网络实验

一、实验目的

1. 熟练掌握二端口网络的 Z 参数方程,理解其物理意义并能进行参数计算。

2. 熟练利用仿真仪器分析电路。

二、实验原理

一个双口网络两端口的电压和电流四个变量之间的关系,可以用多种形式的参数方程来表示。一般情况下,线性、无独立电源的二端口网络的独立参数有 4 个。但对互易的二端口网络,仅有 3 个独立参数,互易且对称的二端口网络,仅有两个独立参数。

只有每一个端钮都满足从一端流入的电流为同一电流的条件时,则将这样一对称为端口,上述条件称为端口条件。只有满足端口条件的四端口网络才可称为二端口网络或双口网络,否则只能称为四端网络。用二端口概念分析电路时,仅对二端口处的电流、电压之间的关系感兴趣,这种互相关系可以通过一些参数表示,而这些参数只取决于构成二端口本身的元件及它们的连接方式。

1. 二端口电路阻抗方程

$$\begin{cases} \dot{U}_1 = Z_{11}\dot{I}_1 + Z_{12}\dot{I}_2 \\ \dot{U}_2 = Z_{21}\dot{I}_1 + Z_{22}\dot{I}_2 \end{cases}$$

式中,$Z_{11} = \dfrac{\dot{U}_1}{\dot{I}_1}\bigg|_{i_2=0}$；$Z_{21} = \dfrac{\dot{U}_2}{\dot{I}_1}\bigg|_{i_2=0}$；$Z_{22} = \dfrac{\dot{U}_2}{\dot{I}_2}\bigg|_{i_1=0}$；$Z_{12} = \dfrac{\dot{U}_1}{\dot{I}_2}\bigg|_{i_1=0}$

$$\begin{cases} \dot{I}_1 = Y_{11}\dot{U}_1 + Y_{12}\dot{U}_2 \\ \dot{I}_2 = Y_{21}\dot{U}_1 + Y_{22}\dot{U}_2 \end{cases}$$

式中，$Y_{11} = \dfrac{\dot{I}_1}{\dot{U}_1}\Big|_{\dot{U}_2=0}$；$Y_{21} = \dfrac{\dot{I}_2}{\dot{U}_1}\Big|_{\dot{U}_2=0}$；$Y_{12} = \dfrac{\dot{I}_1}{\dot{U}_2}\Big|_{\dot{U}_1=0}$；$Y_{22} = \dfrac{\dot{I}_2}{\dot{U}_2}\Big|_{\dot{U}_1=0}$

2. 线性二端口电路的 T 型和 Ⅱ 型等效电路

①T 型等效电路的参数为

$$Z_1 = Z_{11} - Z_{12}$$
$$Z_2 = Z_{12} - Z_{21}$$
$$Z_3 = Z_{22} - Z_{12}$$

②Ⅱ 型等效电路的参数为

$$Y_a = Y_{11} + Y_{12}$$
$$Y_b = -Y_{12} = -Y_{21}$$
$$Y_c = Y_{22} + Y_{12}$$

三、实验内容及步骤

创建电路，从元器件库选择电阻元件和电压表、电流表，按图 4.12.1 连接好电路，根据测试要求，改变电路结构，观察电压表或电流表读数，并将数据记录下来，计算出相应的参数。

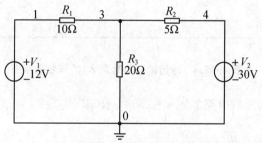

图 4.12.1　二端口网络测量图

1. Z 参数测定

①输出端开路时的等效电路如图 4.12.2 所示(求 Z_{11})：$Z_{11} = \dfrac{U_1}{I_1}\Big|_{I_2=0} = \dfrac{12}{0.4} = 30\ \Omega$。

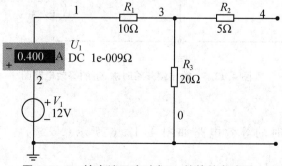

图 4.12.2　输出端开路时求 Z_{11} 的等效电路图

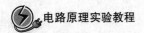

②输出端开路时的等效电路如图 4.12.3 所示(求 Z_{21}):$Z_{21} = \dfrac{U_2}{I_1}\bigg|_{I_2=0} = \dfrac{8}{0.4} = 20\ \Omega$。

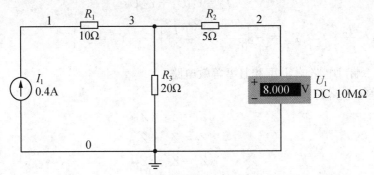

图 4.12.3　输出端开路时求 Z_{21} 的等效电路图

③输入端开路时的等效电路如图 4.12.4 所示(求 Z_{12}):$Z_{12} = \dfrac{U_1}{I_2}\bigg|_{I_1=0} = \dfrac{32}{1.6} = 20\ \Omega$。

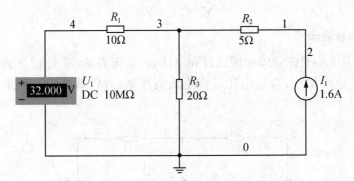

图 4.12.4　输出端开路时求 Z_{12} 的等效电路图

④输入端开路时的等效电路如图 4.12.5 所示(求 Z_{22}):$Z_{22} = \dfrac{U_2}{I_2}\bigg|_{I_2=0} = \dfrac{30}{1.2} = 25\ \Omega$。

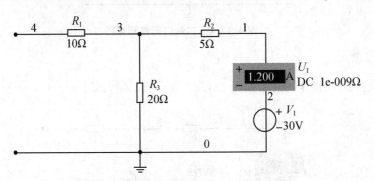

图 4.12.5　输出端开路时求 Z_{22} 的等效电路图

2. Y 参数测定

①输入端短路时的等效电路如图 4.12.6 所示(求 Y_{11}):$Y_{11} = \dfrac{I_1}{U_1}\bigg|_{U_2=0} = \dfrac{0.857}{12}$

$= 0.071\ \mathrm{S}$。

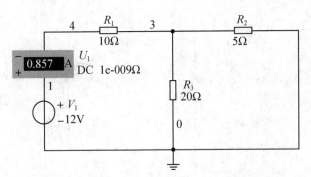

图 4.12.6　输出端开路时求 Y_{11} 的等效电路图

②输入端短路时的等效电路如图 4.12.7 所示（求 Y_{21}）：$Y_{21} = \dfrac{I_2}{U_1}\bigg|_{U_2=0} = \dfrac{-0.686}{12} =$ -0.057 S。

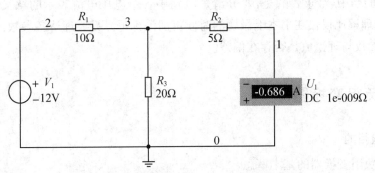

图 4.12.7　输出端开路时求 Y_{21} 的等效电路图

③输出端短路时的等效电路如图 4.12.8 所示（求 Y_{12}）：$Y_{12} = \dfrac{I_1}{U_2}\bigg|_{U_1=0} = \dfrac{-1.714}{30} =$ -0.057 S。

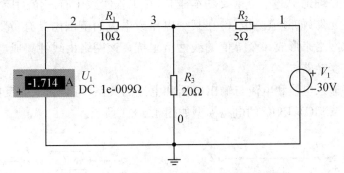

图 4.12.8　输出端开路时求 Y_{12} 的等效电路图

④输出端短路时的等效电路如图 4.12.9 所示（求 Y_{22}）：$Y_{22} = \dfrac{I_2}{U_2}\bigg|_{U_1=0} = \dfrac{2.571}{30} =$ 0.086 S。

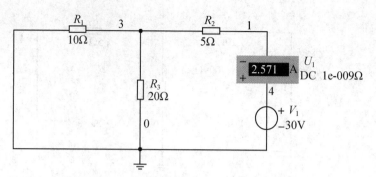

图 4.12.9　输出端开路时求 Y_{22} 的等效电路图

四、实验报告要求

1. 对二端口网络各参数测量和计算。

2. 在实验当中,最重要的是,要分清楚电路中各个电压电流表示的意义。通过此次仿真,对电路的理解比仅仅在书本上做题的时候更加深刻了。只要理清各参数的概念,很快就能验证出各参数与理论值是否存在偏差。

4.13　负阻变换器

一、实验目的

1. 了解负阻变换器的基本概念。

2. 利用运算放大器实现负阻抗变换器的仿真设计和分析。

二、实验原理

1. 负阻抗变换器

负阻抗是电路理论中的一个重要基本概念,在工程实践中有广泛的应用。负阻抗的产生除某些非线性元件(如隧道二极管)在某个电压或电流的范围内具有负阻抗特性外,一般都有一个有源双网络来形成一个等值的线性负阻抗。该网络由线性集成电路组成,这样的网络称作负阻抗变换器。

按有源网络输入电压和电流与输出电压和电流的关系,可分为电流反向型和电压反向型两种(INIC 及 VNIC),INIC 的电路模型如图 4.13.1 所示。

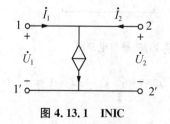

图 4.13.1　INIC

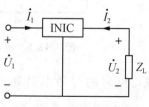

图 4.13.2　INIC 接负载

在理想情况下,其电压、电流关系为:

对于 INIC 型：$\dot{U}_1 = \dot{U}_2$，$\dot{I}_1 = k\dot{I}_2$（k 为电流增益），对于 VNIC 型：$\dot{U}_1 = -k\dot{U}_2$，$\dot{I}_1 = -\dot{I}_2$（k 为电流增益），如果在 INIC 的输出端接上负载 Z_L，如图 4.13.2 所示，则它的输入阻抗 Z_i 为：

$$Z_i = \frac{\dot{U}_1}{\dot{I}_1} = \frac{\dot{U}_2}{k\dot{I}_2} = -\frac{1}{k}Z_L$$

本实验用线性运算放大器组成如图 4.13.3 所示的 INIC 电路，在一定的电压、电流的范围内可获得良好的线性度。

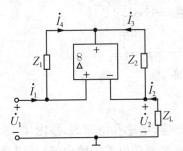

图 4.13.3　由线性放大器组成的 INIC

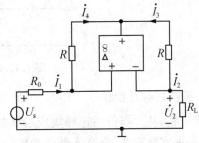

图 4.13.4　负阻抗变换器构成一个具有负内阻的电压源

根据运放理论可知：

$$\dot{U}_1 = \dot{U}_+ = \dot{U}_- = \dot{U}_2，\dot{I}_1 = \dot{I}_3，\dot{I}_2 = \dot{I}_4，所以 \dot{I}_1 Z_1 = \dot{I}_2 Z_2 \Rightarrow Z_i = \frac{\dot{U}_1}{\dot{I}_1} = \frac{\dot{U}_2}{k\dot{I}_2} = -\frac{Z_1}{Z_2}Z_L$$

当 $Z_1 = R_1 = 1 \text{ k}\Omega$，$Z_2 = R_2 = 300 \text{ k}\Omega$ 时；$k = \dfrac{Z_2}{Z_1} = \dfrac{R_2}{R_1} = \dfrac{3}{10}$。

若 $Z_L = R_L$ 时，$Z_i = -\dfrac{10}{3}R_L$；若 $Z_L = \dfrac{1}{j\omega C}$，则 $Z_i = -\dfrac{10}{3}\dfrac{1}{j\omega C} = j\omega L，L = \dfrac{10}{3}\dfrac{1}{\omega^2 C}$；

若 $Z_L = j\omega L$，$Z_i = -\dfrac{10}{3}j\omega L = \dfrac{1}{j\omega C}，L = \dfrac{3}{10}\dfrac{1}{\omega^2 C}$。

2. 应用负阻抗变换器构成一个具有负内阻的电压源，电路如图 4.13.4 所示：U_2 端为等效负内阻电压源的输出端。由于 $U_1 = U_- = U_2$，$I_1 = I_2$，故输出电压 $U_2 = U_s - R_0 I_1 = U_s + R_0 I_2$。

显然，该电压源的内阻为 $-R_0$，输出端电压随输出电流的增加而增加。具有负内阻电压源的等效电路和伏安特性曲线如图 4.13.5 所示。

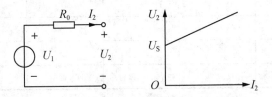

图 4.13.5　负内阻电压源的等效电路及伏安特性曲线

研究 RLC 串联电路的方波响应。

在二阶电路的实验中研究 RLC 串联电路的方波响应时,由于实际电感元件本身存在直流电阻。因此响应类型只能观察到过阻尼情况,临界阻尼情况和欠阻尼情况三种形式。图 4.13.6 是利用具有负内阻的方波电源作为激励。由于电源的负内阻可以和电感的电阻相"抵消"。响应类型可以出现 RLC 串联回路总电阻为零的无阻尼等幅振荡情况和电阻小于零的负阻尼发散振荡情况。

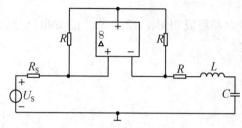

图 4.13.6 RLC 串联电路

三、实验内容及步骤

创建电路,从元器件库选择集成运算放大器,电阻、电容、电感和电压源,按图 4.13.6 连接线路,根据实验需要,修改元器件参数和电路结构,观察各测量仪表的输出值,并记录实验数据。

1. 测量负阻抗的伏安特性,计算电流增益 K 及等效负阻。改变输入电压值,记录对应的电流值,然后在伏安平面内绘制伏安特性曲线。

①调节负载电阻的阻值,使 $R_L = 300\ \Omega$。

②令直流稳压电源的输出电压在(0—1 V)范围内,取表 4-13-1 中的不同值时,分别测量 INIC 的输入电压 U_1 及输入电流 I_1,将测量结果填入表 4-13-1 中。

③使 $R_L = 800\ \Omega$,重复上述测量。

④计算等效负阻。

实验测量值:$R_i = \dfrac{U_1}{I_1}$;理论计算值:$R_i = \dfrac{U_1}{I_1} = -\dfrac{10}{3} R_L$。

⑤绘制负电阻的伏安特性曲线:$U_1 = f(I_1)$。

表 4-13-1   负阻抗的伏安特性

	$U_1 (V)$	0	0.2	0.6	0.8	1
$R_L = 300\ \Omega$	$I_1 (mA)$					
	$R_i (k\Omega)$					
$R_L = 800\ \Omega$	$U_1 (V)$					
	$I_1 (mA)$					
	$R_i (k\Omega)$					

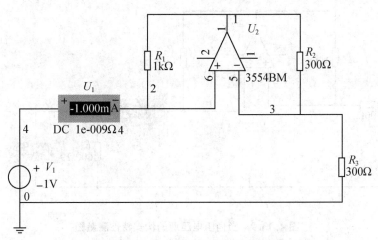

图 4.13.7 负阻抗的伏安特性测量图

2. 用伏安法测定具有负内阻电压源的伏安特性。

电源用 1 V 电压,R_S 取为 300 Ω,负载电阻 R_L 从 12 kΩ 开始减少,直到 600 Ω。

表 4-13-2 负内阻电压源的伏安特性

$R(kΩ)$	12	10	5	2.5	1.2	1	0.8	0.7	0.6
$U(V)$									
$I(mA)$									

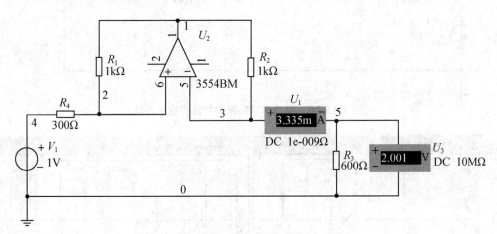

图 4.13.8 负内阻电压源的伏安特性测量图

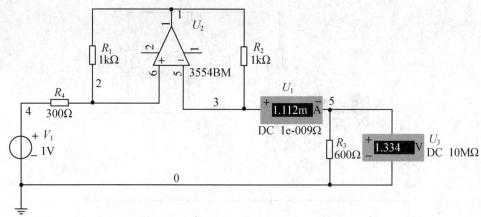

图 4.13.9　负内阻电压源的伏安特性测量图

3. 用示波器观察 RLC 串联电路的方波响应。

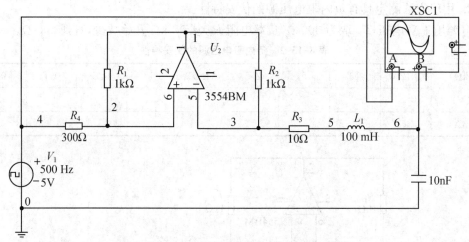

图 4.13.10　RLC 串联电路的方波响应电路图

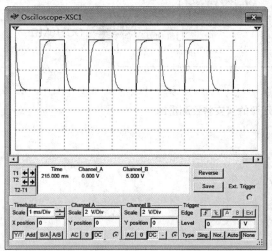

图 4.13.11　$R=10$ kΩ 的方波响应波形图

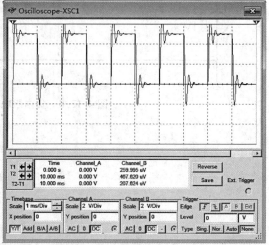

图 4.13.12　$R=2$ kΩ 的方波响应波形图

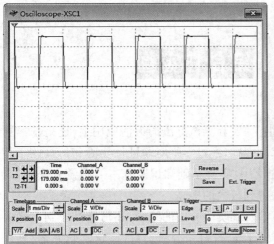

图 4.13.13 $R=5\ k\Omega$ 的方波响应波形图

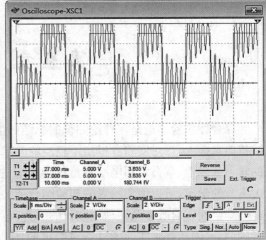

图 4.13.14 $R=500\ \Omega$ 的方波响应波形图

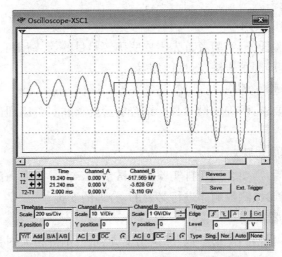

图 4.13.15 $R=100\ \Omega$ 的方波响应波形图

四、实验报告要求

1. 根据实验数据与计算数据，分析误差产生的原因。

2. 总结实验中检查、分析电路故障的方法和查找故障的体会。

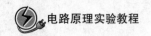 # 第五章 综合性实验

综合性实验不论是在理论知识的总结归纳上、实验测试方法的灵活应用上,还是基本测试技能掌握上,都对实验者提出了较高的要求。因此,经过学生对验证性实验和仿真性实验的学习基础上,掌握常用电子测量仪器仪表的使用、实验基础知识及基本的测量方法后,通过本章的学习,可以使实验者的实验综合能力得到较大的提高。

综合性实验既涉及到理论知识的综合,也涉及到实验方法的综合,还可能涉及到上述两者的综合,因此要求实验者具备对给定的实验项目进行自主分析、自行制定实验方案、自行搭接实验电路测试,并对测试结果进行评价的能力。

实验的方法及步骤:

1. 明确实验目的及要求

当给定了一个实验任务,实验者首先需要明确实验目的,弄清楚实验的任务、性质,可能涉及到的实验原理、实验测试方法、测试内容等。

2. 制定合理的实验方案

根据实验的任务要求,明确测量参数。结合实验要求和实验原理进行必要的参数计算,设计出实验电路。

3. 制定合理的实验步骤

制定好实验电路后,需要合理安排实验的测试步骤。为了提高测试效率,尽可能避免重复的不必要的工作,对参数测量顺序进行必要的、合理的安排。

4. 选择合适的仪器仪表

确定实验步骤后,根据测试的参数、测试精度、测量范围等相关因素,选择恰当的测量仪器仪表。

5. 进行电路仿真

在进行实际电路测试前,要确保电路设计合理、了解各部分电路参数、波形及电路的工作性能,利用电子电路仿真软件,对实验电路进行仿真。

6. 搭接实验电路、进行电路测试

根据设计好的实验电路、选择具体的元器件实行实际电路的搭接。在搭接实际电路前,一定要注意先确定电源参数后,立即关闭电源,然后再进行电路连接,经检查后,确保电路连接正确无误后,方可接通电源,防止电路故障造成人身和仪器仪表危害。

7. 分析测试实验数据、对测试结果进行分析并给出评价

电路正确连接后,应用相关测量仪器仪表来测量实验数据。当所有数据测量完毕后,将测试结果与理论值进行分析比较,根据比较结果,对电路参数或结构进行必要的修正。

8. 撰写实验报告

实验报告主要包括以下几个部分：

①方案设计与论证

包含方案的比较、方案的正确性以及方案的优良性。

方案比较：有明确的比较——实现的方案至少两个以上。

正确性：设计的方案和电路要求正确合理。

优良程度：方案优秀，或有特色，并且对各方案有较充分的比较。

在方案比较中，提出的方案只需用框图（即功能模块级），并说明每一个方案所具有的特点，即方案具有的优点和缺点，然后说明本设计所采用的方案，以及为什么采用此方案。

设计的正确性和优良程度主要是对采用的方案进行评估。

在原理框图的基础上，应进行单元电路设计、说明。将单元电路原理图剪贴到相应部分。

②理论计算

理论计算要求完整、准确。对方案论证与设计中的单元电路进行必要的分析计算。标明每个元器件的参数指标（如电阻必须标明阻值及功率、电容必须标明容量及耐压）、选择依据，以及能否达到指标的评估。

对于定量测量系统，需要进行误差分配及误差分析，确保电路能达到设计指标要求。

③电路图

电路图要保证完整性，即系统中各部分电路完整。电路图要规范、清晰、工整、合乎标准，最好用电路 CAD 软件绘制。撰写报告时，第 1 章～第 3 章相关部分也可合起来写，至少单元电路图应插入到相关说明部分，最后还需附上一张或多张电路图构成的总图。比较好的方法是方案分析与选择为一章，具体实现的各模块单元电路说明、分析与计算为一章，相应图表贴于合适位置，最后附上总图。

④调试、测试方法与数据

a. 调试方法：列出调试什么项目、怎么调。必要时，应画出仪器仪表连接图，指明测试条件，即测试选择原则。

b. 测试方法：列出测什么项目、怎么测。必要时，应画出仪器仪表连接图，指明测试条件，即测试选择原则。

c. 列出所用的测试仪器名称、型号规则、厂家名称（若可能的话）。正确选择测试仪器是保证能得到可靠的测试结果的条件之一。

d. 测试数据：根据测试方法及测试项目进行测试，列表（必要时）记录测试结果。

测试数据力求反映整个工作范围。

⑤结果分析

根据设计要求及实际测量分析结果后的结论不可少，并做出相应的结论。必要时可列表进行，分析结果分析应包含对《设计报告》的评估、存在问题、产生问题的原因及解决办法。

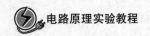

5.1　最大功率传输定理的研究

一、实验目的

1. 学习综合性实验电路设计思想和方法,能自行设计实验测试方案,合理选择测量仪表,并能够检查排除电路故障。

2. 掌握有源一端口网络等效参数测量方法。

3. 掌握最大功率传输定理的内容及应用。

二、实验原理

直流电路:因任何一个复杂的含源一端口网络都可以用一个戴维宁等效电路来替代。如图 5.1.1 可看成任何一个复杂的含源一端口网络向负载 R_L 供电的电路。设 U_{OC} 和 R_{eq} 为定值,若 R_L 的值可变,则 R_L 等于何值时,它得到的功率最大,最大功率为多大?下面就这些问题进行讨论。从图中可知,负载 R_L 消耗的功率 R_L 为:

$$P_L = I_L^2 R_L = \left(\frac{U_{OC}}{R_{eq} + R_L} \right)^2 R_{eq}$$

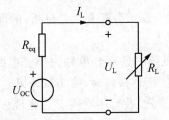

图 5.1.1　最大功率传输电路

令 $\dfrac{\mathrm{d}P_L}{\mathrm{d}R_L} = \dfrac{\mathrm{d}\left[\left(\dfrac{U_{OC}}{R_{eq} + R_L} \right)^2 R_L \right]}{\mathrm{d}R_L} = \dfrac{U_{OC}^2}{(R_{eq} + R_L)^3}(R_{eq} - R_L) = 0$,则有当 $R_L = R_{eq}$ 时获得最大功率:

$$P_{Lmax} = \frac{1}{4} \times \frac{U_{OC}^2}{R_{eq}} \text{ 或 } P_{Lmax} = \frac{1}{4} \times I_{SC}^2 R_{eq} \text{。}$$

讨论正弦电路中,负载获得最大功率的条件:

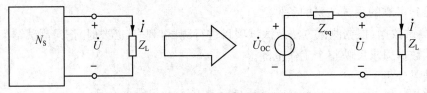

图 5.1.2　最大功率传输定理

设 $Z_{eq} = R_{eq} + \mathrm{j}X_{eq}$, $Z_L = R_L + \mathrm{j}X_L$,则: $\dot{I} = \dfrac{\dot{U}_{OC}}{R_{eq} + \mathrm{j}X_{eq} + R_L + \mathrm{j}X_L}$

负载吸收的有功功率为：$P = R_L I^2 = \dfrac{R_L \dot{U}_{OC}^2}{(R_{eq}+R_L)^2+(X_{eq}+X_L)^2}$

讨论：

（1）当 $Z_L = R_L + jX_L$ 可以任意改变，其他参数不都不变

①先讨论只有 X_L 可以改变时，P 的极值。显然，当 $X_{eq}+X_L=0$，即 $X_L=-X_{eq}$ 时，P 获

得极值 $P_{max1} = \dfrac{R_L \dot{U}_{OC}^2}{(R_{eq}+R_L)^2+(X_{eq}+X_L)^2}$。

②再讨论 R_L 可以改变时，P_{max1} 的最大值 P_{max}。

$$\dfrac{\mathrm{d}P_{max1}}{\mathrm{d}R_L} = \dfrac{R_L U_{OC}^2(R_{eq}+R_L)^2 - 2R_L U_{OC}^2(R_{eq}+R_L)}{(R_{eq}+R_L)^4}$$

$$= \dfrac{U_{OC}^2[(R_{eq}+R_L)-2R_L]}{(R_{eq}+R_L)^3} = \dfrac{U_{OC}^2(R_{eq}-R_L)}{(R_{eq}+R_L)^3}$$

所以当 $R_{eq}-R_L=0$，即 $R_L=R_{eq}$ 时，上式值为零，此时有最大功率为 $P_{max} = \dfrac{U_{OC}^2}{4R_{eq}}$。

综合①、②，可得 Z_L 可以任意改变时负载上获得最大功率的条件是：

$Z_L = R_{eq} - jX_{eq} = Z_L^*$ 时，此时负载上获得最大功率为：$P_{max} = \dfrac{U_{OC}^2}{4R_{eq}}$

（2）若 $Z_L = R_L + jX_L$ 只允许 X_L 改变

此时获得最大功率的条件为 $X_L + X_{eq} = 0$，即 $X_L = -X_{eq}$ 时，P 获得极值

$P_{max1} = \dfrac{R_L U_{OC}^2}{(R_{eq}+R_L)^2}$。

（3）若 $Z_L = R_L + jX_L = |Z_L|\angle\varphi_L$，$R_L$、$X_L$ 均可改变，但 X_L/R_L 不变，（即 $|Z_L|$ 可变，φ_L 不变）。

$Z_L = |Z_L|\angle\varphi_L = |Z_L|\cos\varphi_L + j|Z_L|\sin\varphi_L$

$Z_{eq} = |Z_{eq}|\angle\varphi_{eq} = |Z_{eq}|\cos\varphi_{eq} + j|Z_{eq}|\sin\varphi_{eq}$

$P_L = |Z_L|\cos\varphi_L I^2 = f(|Z_L|)$

$I = \dfrac{U_{OC}}{\sqrt{(|Z_L|\cos\varphi_L + |Z_{eq}|\cos\varphi_{eq})^2 + (|Z_L|\sin\varphi_L + |Z_{eq}|\sin\varphi_{eq})^2}}$

$P_L = \dfrac{|Z_L|\cos\varphi_L U_{OC}^2}{\sqrt{(|Z_L|\cos\varphi_L + |Z_{eq}|\cos\varphi_{eq})^2 + (|Z_L|\sin\varphi_L + |Z_{eq}|\sin\varphi_{eq})^2}}$

$\dfrac{\mathrm{d}P_L}{\mathrm{d}|Z_L|} = 0 \Rightarrow |Z_L| = |Z_{eq}|$，此时获得最大功率的条件为 $|X_L| = |X_{eq}|$。

最大功率为 $P_{max} = \dfrac{\cos\varphi_{eq} U_{OC}^2}{2|Z_{eq}| + 2(R_{eq}\cos\varphi_{eq} + X_{eq}\sin\varphi_{eq})}$。

三、实验任务及测试要求

1. 在直流电路中，改变负载阻值，测量一端口网络的电压、电源及功率。

2. 在正弦稳态电路中，分别改变阻抗、阻抗模、阻抗角等情况下，测量一端口网络的伏安特性及功率值。进行电路方案设计，必要的电路分析和计算，由理论计算结果来选择元器

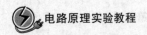

件参数和测量仪表。

3. 根据要求设计具体电路,进行参数测量。设计数据表格,记录实验数据。

四、实验预习及准备

1. 复习有关有源一端口网络、戴维宁定理、诺顿定理及最大传输功率定理的内容。

2. 查阅相关资料、学习设计测量电路方案、记录数据表格,应用仿真软件进行相应的仿真研究。

3. 选择合适的测量仪表。

五、实验注意事项

1. 电路设计时,结合理论计算结果,选择恰当的元件参数和测量仪表。

2. 在实验前,进行仿真分析时,注意元器件参数的设置,切实符合设计要求。

3. 在实际电路测量时,要注意测量仪表量程的设置及电压电流的参考方向等。

六、实验报告要求

1. 阐述电路设计原理和电路的理论计算过程。

2. 实验电路设计方案的论证及实验电路图绘制。

3. 整理、分析实验数据,并与理论计算结果和仿真结果进行比较,分析实验过程中产生误差的原因。

4. 根据实验结果讨论最大功率传输定理的条件、适用范围等。

5. 根据实验测量数据和观察到实验现象,简述实验体会和实验结论。

5.2 正弦交流电路功率因数的提高

一、实验目的

1. 测量交流电路的参数。

2. 掌握提高感性负载功率因数的方法,体会提高功率因数的意义。

3. 设计感性负载电路中补偿电容的大小。

4. 掌握单相功率表的使用。

二、实验原理

1. 感性负载参数的测定

用三表法(即交流电压表、交流电流表、功率表)测出上述电路的 U、U_1、U_2 及电流 I 和功率 P,就可按下列各公式求出电路的参数。

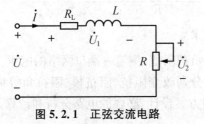

图 5.2.1 正弦交流电路

R、L 串联电路的总功率因数 $\cos\varphi=\dfrac{P}{UI}$，电路总阻抗 $|Z|=\dfrac{U}{I}$，滑线电阻阻值 $R=\dfrac{U_2}{I}$，电路总电阻值 $R_{total}=|Z|\cos\varphi$，电感线圈电阻 $R_L=R_{total}-R$，电感线圈电感 $L=\dfrac{X_L}{\omega}=\dfrac{|Z|\sin\varphi}{2\pi f}$。

2. 感性负载并联电容器提高功率因数意义

在正弦交流电路中，电源发出的功率为 $P=UI\cos\varphi$，$\cos\varphi$ 提高了，对于降低电能损耗、提高发电设备的利用率和供电质量具有重要的经济意义。

3. 感性负载并联电容器提高功率的方法

实验时，在不同的 C 值下，测量出电路的总电流 I、负载端电压 U 及负载吸收的功率 P，便可计算出相应的功率因数 $\cos\varphi$。

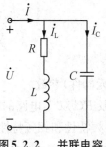　　　　　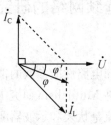

图 5.2.2.　并联电容　　　　　图 5.2.3　相量图

另外，也可以利用交流电流表测量出电路总电流 I 及各支路的电流的值 I_L、I_C，画出向量图，在根据余弦定理（$I_L^2=I^2+I_C^2-2II_C\cos(90°-\varphi')$），计算出不同的 C 值下的相应的 φ' 值大小及 $\cos\varphi'$ 值大小。

三、实验任务及测试要求

1. 以一感性电路作为研究对象，测量出其具体参数（应用交流电流表、电表表、功率表测量出电路中电流，元件端电压、有功功率、功率因数等），建立电路实际模型。根据所测得的电感量，设计最佳补偿电容的大小。

2. 设计出实验方案，包括参数计算过程。

3. 根据实际电路，进行实验数据测量，要求将功率因数提高到 0.9，调节电容，应用功率表测量电路中有功功率及功率因数，理解欠补偿、过补偿。设计数据表格，记录相关参数。

四、实验预习及准备

1. 了解电阻、电感及电容的实际电路模型。

2. 理解提高功率因数的意义。

3. 熟悉提高功率因数的方法。

五、实验注意事项

1. 注意功率表的同名端的连接方式。

2. 在实验过程中，元器件参数设置时，要注意信号源的频率和幅值的选择，电路中各元件的端电压和电流不能超过元器件在额定电压和电流值。

3. 在电路参数测量过程中,调节可变电阻、电容等来观察负载端最大功率输出时,要注意调节幅度,使得阻抗匹配时获得最大输出功率。

六、实验报告要求

1. 阐述电路设计原理和电路的理论计算过程。

2. 实验电路设计方案的论证及实验电路图绘制。

3. 整理、分析实验数据,并与理论计算结果和仿真结果进行比较,分析实验过程中产生误差的原因。

4. 根据实验测试结果理解提高感性负载功率因数的意义及方法。

5. 根据实验测量数据和观察到实验现象,简述实验体会和实验结论。

5.3 *RC* 选频网络的研究

一、实验目的

1. 学会在已知电路性能参数的情况下设计电路(元器件)参数。

2. 用仿真软件 Mutualism 研究 *RC* 串、并联电路及 *RC* 双 T 电路的频率特性。

3. 学会用交流毫伏表和示波器测定 *RC* 网络的幅频特性和相频特性。

4. 理解和掌握低通、高通、带通和带阻网络的特性。

5. 熟悉文氏电桥电路的结构特点及选频特性。

二、实验原理

电路的频域特性反映了电路对于不同的频率输入时,其正弦稳态响应的性质,一般用电路的网络函数 $H(j\omega)$ 表示。当电路的网络函数为输出电压与输入电压之比时,又称为电压传输特性。即:

$$H(j\omega) = \frac{\dot{U}_2}{\dot{U}_1}$$

1. 低通滤波电路

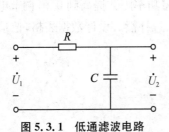

图 5.3.1　低通滤波电路　　　　图 5.3.2　低通滤波电路幅频特性

简单的 *RC* 滤波电路如图 5.3.1 所示。当输入为 $\dot{U}_1$,输出为 $\dot{U}_2$ 时,构成的是低通滤波电路。因为:

$$\dot{U}_2 = \frac{\dot{U}_1}{R + \dfrac{1}{j\omega C}} \times \frac{1}{j\omega C} = \frac{\dot{U}_1}{1 + j\omega RC}$$

所以：

$$H(j\omega) = \frac{\dot{U}_2}{\dot{U}_1} = \frac{1}{1 + j\omega RC} = |H(j\omega)| \angle \varphi(\omega)$$

$$|H(j\omega)| = \frac{1}{\sqrt{1 + (\omega RC)^2}}$$

$H(j\omega)$ 是幅频特性，低通电路的幅频特性如图 5.3.2 所示，在 $\omega = 1/RC$ 时，$H(j\omega) = 1/\sqrt{2} = 0.707$，即 $U_2/U_1 = 0.707$，通常 $\dot{U}_2$ 降低到 $0.707\dot{U}_1$ 时的角频率称为截止频率，记为 φ_0。

2. 高通滤波电路

如图 5.3.3 所示为高通滤波 RC 电路。

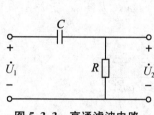

图 5.3.3　高通滤波电路

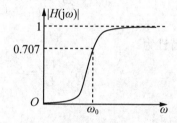

图 5.3.4　高通滤波电路的幅频特性

$$\dot{U}_2 = \frac{\dot{U}_1}{\left(R + \dfrac{1}{j\omega C}\right)} \times R = \frac{j\omega RC}{1 + j\omega RC} \times \dot{U}_1$$

所以：

$$H(j\omega) = \frac{\dot{U}_2}{\dot{U}_1} = \frac{j\omega RC}{1 + jRC} = |H(j\omega)| \angle \varphi(\omega)$$

其中 $H(j\omega)$ 传输特性的幅频特性。电路的截止频率 $\omega_0 = 1/RC$

高通电路的幅频特性如 5.3.4 所示。

当 $\omega \ll \omega_0$ 时，即低频时：

$$|H(j\omega)| = \omega RC \ll 1$$

当 $\omega \ll \omega_0$ 时，即高频时：

$$|H(j\omega)| = 1$$

3. 研究 RC 串、并联电路及 RC 双 T 电路的频率特性

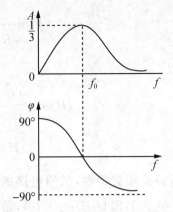

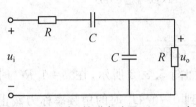

图 5.3.5　RC 串、并联电路及 RC 双 T 电路　　　　图 5.3.6　幅频特性和相步频特性

如图 5.3.5 所示的 RC 串、并联电路的频率特性：

$$N(\mathrm{j}\omega)=\frac{\dot{U}_\mathrm{o}}{\dot{U}_\mathrm{i}}=\frac{1}{3+\mathrm{j}\left(\omega RC-\dfrac{1}{\omega RC}\right)}$$

其中幅频特性为：

$$A(\omega)=\frac{U_\mathrm{o}}{U_\mathrm{i}}=\frac{1}{\sqrt{3^2+\left(\omega RC-\dfrac{1}{\omega RC}\right)^2}}$$

相频特性为：

$$\varphi(\omega)=\varphi_\mathrm{o}-\varphi_\mathrm{i}=\arctan\frac{\omega RC-\dfrac{1}{\omega RC}}{3}$$

幅频特性和相频特性曲线如图 5.3.6 所示，幅频特性呈带通特性。当角频率 $\omega=\dfrac{1}{RC}$ 时，$A(\omega)=\dfrac{1}{3}$，$\varphi(\omega)=0°$，u_o 与 u_i 同相时，即电路发生谐振，谐振频率为 $f_0=\dfrac{1}{2\pi RC}$。也就是说，当信号频率时，串、并联电路输出电压 u_o 与输入电压 u_i 同相，其大小是输入电压的三分之一，这一特性称为 RC 串、并联电路的选频特性，该电路又称为文氏电桥。

测量频率特性用"逐点描绘法"，利用交流毫伏表和双踪示波器测量 RC 网络频率特性。

测量幅频特性：保持信号源输出电压（即 RC 网络输入电压）U_i 恒定，改变频率 f，用交流毫伏表监视 U_i，并测量对应的 RC 网络输出电压 U_o，计算出它们的比值 $A=U_\mathrm{o}/U_\mathrm{i}$，然后逐点描绘出幅频特性。

测量相频特性：保持信号源输出电压（即 RC 网络输入电压）U_i 恒定，改变频率 f，用交流毫伏表监视 U_i，用双踪示波器观察 U_o 和 U_i 波形，如图 5.3.7 所示，若两个波形的延时 Δt，周期为 T，则它们的相位差 $\varphi=360°\times\Delta t/T$，然后逐点描绘出相频特性。

192

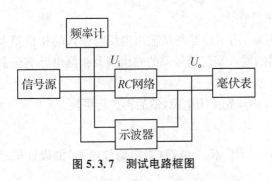

图 5.3.7 测试电路框图

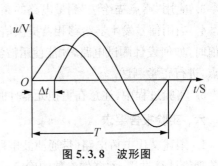

图 5.3.8 波形图

4. 文氏电桥电路的结构特点及选频特性

用同样的方法可以测量 RC 双 T 电路的幅频特性。RC 双 T 电路如图 5.3.9 所示,其幅频特性具有带阻性,如图 5.3.10 所示。

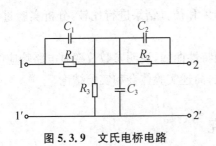

图 5.3.9 文氏电桥电路

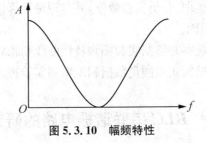

图 5.3.10 幅频特性

三、实验任务及测试要求

设计一个 RC 选频网络,其中心频率 $\omega_0 = 10^4$ rad/s,输入信号为 $U_i = 3$ V 的正弦信号。要求:

1. 设计 RC 选频网络的传递函数,推导传递函数的模和幅角,并分析当输入信号的频率等于中心频率时,传递函数的模和幅角会发生如何变化?

2. 用电路仿真软件仿真该电路的幅频特性和相频特性曲线。

3. 自行设计实验电路方案,确定实验内容及步骤,拟定实验数据记录表格。

4. 根据仿真和电路理论计算结果,选择恰当的元器件参数和测量仪表。

5. 根据实验测量结果,绘制电路的幅频特性和相频特性曲线。

四、实验预习及准备

1. 学习 RC 串并联及 RC 双 T 电路的传递函数及选频特性。

2. 理解 RC 串并联及 RC 双 T 电路的幅频特性和相频特性的测试方法。

3. 理解如何应用实验的方法找出电路的中心频率。

4. 查阅相关资料,理解文氏桥电路的设计方法。

五、实验注意事项

1. 由于信号发生器的输出电压随频率而变化,所以在测量时每改变一次频率,均要调节输出电压,本实验要求在整个测量过程中输出电压保持 3 V。

2. 用实验方法找出电路中心频率点。

3. 应用"逐点描绘法"测量电路的频率特性。

4. 当用信号发生器给移相器提供信号源,用示波器测试输出电压与输入的相位差及有效值时,如何设计测试电路,才能使示波器的输入端与信号源的输出端及被测电路有公共接地点,进行正常测试。

5. 实验过程中,注意在更换元器件时,必须先关闭电源,然后再进行更换。

六、实验报告要求

1. 阐述文氏电桥电路(带通滤波电路)和 RC 双 T 电路(带阻滤波电路)的设计原理及相关理论计算过程,元器件参数的确定。

2. 实验电路设计方案的论证及实验电路图绘制。给出详细的实验步骤和合理的数据记录表格。

3. 用电路仿真软件仿真出电路幅频特性和相频特性。

4. 整理、分析实验数据,并与理论计算结果和仿真结果进行比较,分析实验过程中产生误差的原因。

5. 观察并绘制实验幅频特性曲线和相频特性曲线,说明参数改变对电路响应的影响。

6. 根据实验测量数据和观察到实验现象,简述实验体会和实验结论。

5.4 *RLC* 串联谐振电路的研究

一、实验目的

1. 加深对 RLC 电路串联谐振条件及特性的认识。

2. 通过观察电路频率响应曲线,加深对串联谐振的幅频特性和相频特性曲线的理解。

3. 理解串联电路谐振的品质因数和选择性物理意义。

4. 掌握应用双踪示波器观测电路波形的方法。

二、实验原理

RLC 串联电路如图 5.4.1 所示. 若交流电源 $\dot{U}_S$ 的电压为 U,角频率为 ω,各元件的阻抗分别为:$Z_R=R,Z_L=j\omega L,Z_C=\dfrac{1}{j\omega C}$。

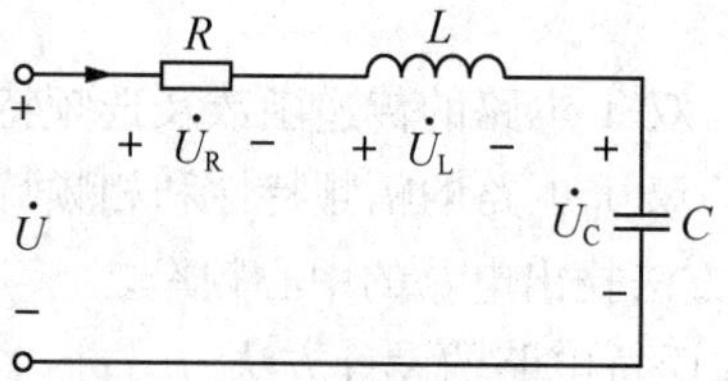

图 5.4.1 *RLC* 串联电路

则串联电路的总阻抗为:$Z=R+j\left(\omega L-\dfrac{1}{\omega C}\right)$。

串联电路的电流为：$\dot{I} = \dfrac{\dot{U}}{Z} = \dfrac{\dot{U}}{R + \mathrm{j}\left(\omega L - \dfrac{1}{\omega C}\right)}$，式中电流有效值为：

$$I = \frac{U}{|Z|} = \frac{U}{\sqrt{R^2 + \left(\omega L - \dfrac{1}{\omega C}\right)^2}}$$，电流与电压间的位相差为 $\varphi = \arctan \dfrac{\omega L - \dfrac{1}{\omega C}}{R}$。

它是频率的函数，随频率的变化关系如图 5.4.2 所示。

电路中各元件电压有效值分别为：

$$U_R = RI = \frac{RU}{\sqrt{R^2 + \left(\omega L - \dfrac{1}{\omega C}\right)^2}}, \quad U_L = \omega L I = \frac{\omega L U}{\sqrt{R^2 + \left(\omega L - \dfrac{1}{\omega C}\right)^2}},$$

$$U_C = \frac{1}{\omega C} I = \frac{U}{\omega C \sqrt{R^2 + \left(\omega L - \dfrac{1}{\omega C}\right)^2}},$$

由上式可知，U_R，U_L 和 U_C 随频率变化关系如图 5.4.3 所示.

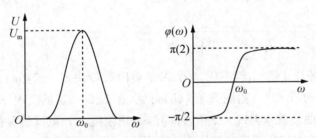

图 5.4.2　幅频特性和相频特性曲线

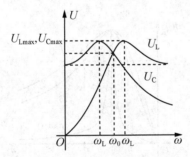

图 5.4.3　电容电感电压频率特性

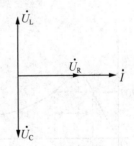

图 5.4.4　串联谐振相量图

上述三个公式反映元件 R，L 和 C 的幅频特性，当 $\omega L = \dfrac{1}{\omega C}$ 时，$\varphi = 0$，即电流与电压同位相，这种情况称为串联谐振，此时的角频率称为谐振角频率，并以 ω_0 表示，则有

$$\omega_0 = \frac{1}{\sqrt{LC}}$$

从图 5.4.2 和图 5.4.3 可见，当发生谐振时，U_R 和 I 有极大值，而 U_L 和 U_C 的极大值都不出现在谐振点，它们极大值 U_{Lmax} 和 U_{Cmax} 对应的角频率分别为

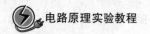

$$\omega_{L}=\sqrt{\frac{2}{2LC-R^{2}C^{2}}}=\frac{1}{\sqrt{1-\frac{1}{2Q^{2}}}}\omega_{0} , \omega_{C}=\sqrt{\frac{1}{LC}-\frac{R^{2}}{2L^{2}}}=\sqrt{1-\frac{1}{2Q^{2}}}\omega_{0}$$

式中 Q 为谐振回路的品质因数。如果满足 $Q>\frac{1}{\sqrt{2}}$，可得相应的极大值分别为

$$U_{Lmax}=\frac{2Q^{2}U}{\sqrt{4Q^{2}-1}}=\frac{QU}{\sqrt{1-\frac{1}{4Q^{2}}}} , U_{Cmax}=\frac{QU}{\sqrt{1-\frac{1}{4Q^{2}}}}$$

电流随频率变化的曲线即电流频率响应曲线（如图 5.4.5 所示）也称谐振曲线，是为了分析电路的频率特性。

$$I(\omega)=\frac{U}{\sqrt{R^{2}-\left(\omega L-\frac{1}{\omega C}\right)^{2}}}=\frac{U}{\sqrt{R^{2}-\left(\frac{\omega\omega_{0}L}{\omega_{0}}-\frac{\omega_{0}}{\omega\omega_{0}C}\right)^{2}}}=\frac{U}{\sqrt{R^{2}-\rho^{2}\left(\frac{\omega}{\omega_{0}}-\frac{\omega_{0}}{\omega}\right)^{2}}}$$

$$\frac{U}{R\sqrt{1-Q^{2}\left(\frac{\omega}{\omega_{0}}-\frac{\omega_{0}}{\omega}\right)^{2}}}=\frac{I_{0}}{\sqrt{1-Q^{2}\left(\frac{\omega}{\omega_{0}}-\frac{\omega_{0}}{\omega}\right)^{2}}}$$

从而得到：$\dfrac{I}{I_{0}}=\dfrac{I_{0}}{\sqrt{1-Q^{2}\left(\dfrac{\omega}{\omega_{0}}-\dfrac{\omega_{0}}{\omega}\right)^{2}}}$

此式表明，电流比 I/I_{0} 由频率比 ω/ω_{0} 及品质因数 Q 决定。谐振时 $\omega/\omega_{0}=I/I_{0}=1$，而在失谐时 $\omega/\omega_{0}\neq 1$，$I/I_{0}<1$。由图 5.4.5(b)可见，在 L、C 一定的情况下，R 越小，串联电路的 Q 值越大，谐振曲线就越尖锐。Q 值较高时，ω 稍偏离 ω_{0}。电抗就有很大增加，阻抗也随之很快增加，因而使电流从谐振时的最大值急剧地下降，所以 Q 值越高，曲线越尖锐，称电路的选择性越好。

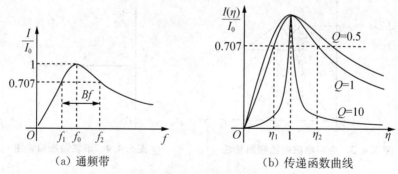

(a) 通频带   (b) 传递函数曲线

图 5.4.5　频率特性曲线

为了定量地衡量电路的选择性，通常取曲线上两半功率点（即在 $\frac{1}{I_{0}}=\frac{1}{\sqrt{2}}$）处间的频率宽度为"通频带宽度"，简称带宽如图 5.4.5 所示，用来表明电路的频率选择性的优劣。

由上式可知：当 $\frac{1}{I_{0}}=\frac{1}{\sqrt{2}}$ 时，$\frac{\omega}{\omega_{0}}-\frac{\omega_{0}}{\omega}=\pm\frac{1}{Q}$，若令

$$\frac{\omega_1}{\omega_0}-\frac{\omega_0}{\omega_1}=-\frac{1}{Q},\frac{\omega_2}{\omega_0}-\frac{\omega_0}{\omega_2}=\frac{1}{Q},则有\ \omega_1=\omega_0\sqrt{1+\left(\frac{1}{2Q}\right)^2}-\frac{\omega_0}{2Q},$$

$$\omega_2=\omega_0\sqrt{1+\left(\frac{1}{2Q}\right)^2}+\frac{\omega_0}{2Q}$$

所以带宽为：$\Delta\omega=\omega_2-\omega_1=\dfrac{\omega_0}{Q}$。

可见，Q 值越大，带宽 $\Delta\omega$ 越小，谐振曲线越尖锐，电路的频率选择性越好。

三、实验任务及测试要求

1. 设计一个谐振频率在 $10\sim20$ kHz、通频带约为 10 kHz 的 RLC 二阶带通滤波电路。

2. 用电路仿真软件仿真该电路的幅频特性和相频特性曲线。

3. 自行设计实验电路方案，确定实验内容及步骤，拟定实验数据记录表格。

4. 根据仿真和电路理论计算结果，选择恰当的元器件参数和测量仪表。

5. 根据实验测量结果，绘制电路的幅频特性和相频特性曲线。

四、实验预习及准备

1. 理解 RLC 电路的串联谐振和并联谐振的条件及特点。

2. 理解网络函数的概念及应用网络函数对电路特性的分析。

3. 查阅相关资料，了解谐振法测量元件参数及电路品质因数分析的方法。

五、实验注意事项

1. 由于信号发生器的输出电压随频率而变化，所以在测量时每改变一次频率，均要调节输出电压，本实验要求在整个测量过程中输出电压保持 1.0 V。

2. 测量时，在谐振点附近频率要密一些，以保证曲线的光滑。

3. 由于发生串联谐振时，电感和电容端电压是电源电压的 Q 倍，所以在测量电感和电容电压时，就注意电压表的量程选择和参考点的设置。

4. 注意元件的额定电压、电流值。在实验过程中，电容端电压不能超过其耐压值，流过电感的电流最大值不能超过其额定电流值。电路中的回路电流不能超过信号源的额定电流。

5. 实验过程中，注意在更换元器件时，必须先关闭电源，然后再进行更换。

六、实验报告要求

1. 阐述电路设计原理和电路的理论计算过程。

2. 实验电路设计方案的论证及实验电路图绘制。给出详细的实验步骤和合理的数据记录表格。

3. 整理、分析实验数据，并与理论计算结果和仿真结果进行比较，分析实验过程中产生误差的原因。

4. 观察并绘制实验幅频特性曲线和相频特性曲线，说明参数改变对电路响应的影响。

5. 根据实验测量数据和观察到实验现象，简述实验体会和实验结论。

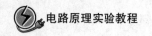

5.5 负阻抗变换器电路的研究

一、实验目的

1. 学习用线性集成运算放大器构成负阻抗变换器。
2. 学习负阻抗变换器的测量方法。
3. 了解负阻抗变换器的应用。

二、实验原理

1. 负阻抗变换器

负阻抗是电路理论中的一个重要基本概念,在工程实践中有广泛的应用。负阻抗的产生除某些非线性元件(如隧道二极管)在某个电压或电流的范围内具有负阻抗特性外,一般都有一个有源双网络来形成一个等值的线性负阻抗。该网络由线性集成电路组成,这样的网络称作负阻抗变换器。

按有源网络输入电压和电流与输出电压和电流的关系,可分为电流反向型和电压反向型两种(INIC 及 VNIC),INIC 的电路模型如图 5.5.1 所示。

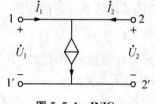

图 5.5.1　INIC

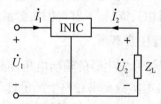

图 5.5.2　ININ 接负载

在理论情况下,其电压、电流关系为:

对于 INIC 型:$\dot{U}_1=\dot{U}_2$,$\dot{I}_1=k\dot{I}_2$(k 为电流增益),对于 VNIC 型:$\dot{U}_1=-k\dot{U}_2$,$\dot{I}_1=-\dot{I}_2$(k 为电流增益),如果在 INIC 的输出端接上负载 Z_1,如图 5.5.2 所示,则它的输入阻抗 Z_i 为:

$$Z_i=\frac{\dot{U}_1}{\dot{I}_1}=\frac{\dot{U}_2}{k\dot{I}_2}=-\frac{1}{k}Z_L$$

2. 负阻抗变换器的实现

负阻抗变换器可以由运算放大器组成,如图 5.5.3 所示。

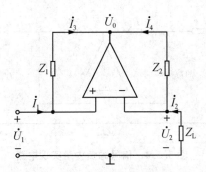

图 5.5.3　负阻抗变换器电路

对于理论运算放大器有"虚短"和"虚断"的特性,因此有:$\dot{U}_1=\dot{U}_2$,$\dot{I}_1=\dot{I}_3$,$\dot{I}_2=\dot{I}_4$,$Z_1=(\dot{U}_1-\dot{U}_0)/\dot{I}_3$,$Z_2=(\dot{U}_2-\dot{U}_0)/\dot{I}_4$,$Z_L=-\dot{U}_2/\dot{I}_2$,则有:

$$Z_{in}=\frac{\dot{U}_1}{\dot{I}_1}=-\frac{Z_1Z_3}{Z_2}$$

① 负电阻的实现

当三个阻抗均为电阻元件时,即 $Z_1=R_1$,$Z_2=R_2$,$Z_L=R_L$,设 $R_1=R_2=R_L=R$ 则根据上式可得:$Z_{in}=\dfrac{\dot{U}_1}{\dot{I}_1}=-\dfrac{Z_1Z_3}{Z_2}=-\dfrac{R_1R_3}{R_2}=-R$。

② 负电容的实现

当 Z_L 为电容元件,Z_1 和 Z_2 仍为电阻元件时,则输入阻抗为一个负电容,其值为:

$$Z_{in}=\frac{\dot{U}_1}{\dot{I}_1}=-\frac{Z_1Z_3}{Z_2}=-\frac{R_1}{R_2}\frac{1}{j\omega C}=-\frac{1}{j\omega C}=-Z_C。$$

式中 $R_1=R_2=R$,$Z_L=\dfrac{1}{j\omega C}$。

③ 负电感的实现

当 Z_L 为电感元件,Z_1 和 Z_2 仍为电阻元件时,则输入阻抗为一个负电容,其值为:

$$Z_{in}=\frac{\dot{U}_1}{\dot{I}_1}=-\frac{Z_1Z_3}{Z_2}=-\frac{R_1}{R_2}\times j\omega C=-j\omega C=-Z_L。$$

式中 $R_1=R_2=R$,$Z_L=j\omega L$。

④ 负内阻信号源实现

利用负阻抗变换器可构成一个内阻为负值的信号源,电路如图 5.5.4 所示。信号源的输出端口为 1、2 端口,负载为 Z_L,由电阻 R_S、r、R_1、R_2、集成运算放大器构成负阻抗变换器,其中信号源自身内阻为 R_S。

当 $R_1=R_2$ 时,有 $\dot{U}_1=\dot{U}_2$,$\dot{I}_1=-\dot{I}_2$,因此有:

$\dot{U}_2=\dot{U}_1=\dot{U}_S-\dot{I}_1(R_S+r)=\dot{U}_S+\dot{I}_2(R_S+r)$,这说明就端口 a、b 来说,信号源内阻为负阻。

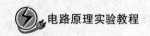

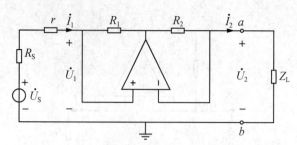

图 5.5.4　信号源负内阻实现电路

3. 二阶电路的响应

由电路理论可知，R、L、C 串联电路在方波激励下的响应由电路本身参数决定。在一般情况下有三种响应状态：$R>2\sqrt{L/C}$ 时非振荡的过阻尼状态；$R=2\sqrt{L/C}$ 时的临界阻尼状态；$R<2\sqrt{L/C}$ 时的欠阻尼减幅振荡。如果在 R、L、C 串联电路中接入电阻，调节负电阻的大小，使电路的总阻值为零和负值，可以使电路响应出现等幅振荡状态和负阻尼增幅振荡状态。

当电路所加信号源具有负内阻且该信号源发出的信号为方波信号时，通过示波器可重复观察到上述现象。

三、实验任务及测试要求

1. 以集成运算放大器为核心元件设计出一个负阻抗电路，电路具体要求如下：

① 阻值为 $-150\ \Omega$ 的负电阻；

② 电容为 $-0.01\ \mu\text{F}$ 的负电容；

③ 电抗为 $-(200+\text{j}3.14)\Omega$（200 Ω 电阻和 100 mH 串联后的阻抗值）。

2. 设计一个 RLC 串联电路，在 1 V、500 Hz 方波激励下能产生增幅振荡和等幅振荡的现象的负内阻 r，并通过实验观察该电路在增幅振荡和等幅振荡时的波形（电路的 $R=500\ \Omega$、$L=100\ \text{mH}$ 和 $C=0.01\ \mu\text{F}$）。

四、实验预习及准备

1. 理解负阻抗变换电路的概念及变换电路的结构及工作原理。

2. 查阅相关资料，根据实验任务要求自行设计实验电路，并利用电路仿真软件进行仿真分析，选择恰当的实验方案和实验仪器设备。

五、实验注意事项

1. 注意集成运算放大器的引脚不要接错，以免损坏集成电路。

2. 注意信号放大器的输入信号的大小，要使放大器工作在线性区，不能有失真输出，否则影响实验数据。

3. 实验过程中，注意在更换元器件时，必须先关闭电源，然后再进行更换。

六、实验报告要求

1. 阐述电路设计原理和电路的理论计算过程。

2. 实验电路设计方案的论证及实验电路图绘制。给出详细的实验步骤和合理的数据记录表格。

3. 整理、分析实验数据,并与理论计算结果和仿真结果进行比较,分析实验过程中产生误差的原因。

4. 观察并绘制实验波形,说明参数改变对电路响应的影响。

5. 根据实验测量数据和观察到实验现象,简述实验体会和实验结论。

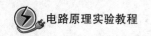

第六章 **安全用电**

6.1 电流对人体的作用和伤害

当人站在非绝缘体上接触了电气设备的带电(或漏电)部分时,人体将承受一定的电压,从而使电流通过人体,产生触电。人体触电可分为两种情况:一种是雷击和高压触电,此时流过人体的电流较大,使人体遭受严重的电灼伤、组织碳化坏死以及其他难以恢复的永久性伤害;另一种是低压触电,在几十毫安或更大的电流作用下,人体有针刺痛感,或出现痉挛、血压升高、心律不齐以致昏迷等暂时性功能失常,严重的可能使呼吸停止、心跳骤停,从而危及生命。

触电的危险程度与流过人体的电流的大小、电流的种类、持续的时间、电流的频率,以及电流通过人体的途径等因素有关。当通过人体的电流 50 mA 以上持续时间在 1 s 以上时,人体就有生命危险。直流、交流和高频电流对人体的危害程度也不同,以 50～60 Hz 的交流电流对人体的危害最严重。电流如果通过心脏其危害性最大,因此,电流从手到手和从手到脚的危害性最大,而从脚到脚的危害性相对较小。

表 6-1-1 电流对人体的作用

电流 I/mA	作 用 的 特 征	
	交变电流(50～60 Hz)	恒定直流电流
0.6～1.5	开始有感觉,手轻微颤	没有感觉
2～3	手指强烈颤抖	没有感觉
5～7	手部痉挛	有痒和热的感觉
8～10	手部剧痛,勉强可以摆脱带电体	热的感觉增强
20～35	手剧痛、麻痹,不能摆脱带电体,呼吸困难	热的感觉更强,手部轻微痉挛
50～80	呼吸困难、麻痹,心室开始颤动	手部痉挛,呼吸困难
90～100	呼吸麻痹,心室颤动,经 3 s 即可使心脏麻痹而停止跳动	呼吸麻痹

6.2 触电方式和安全用电

目前广泛应用三相四线制供电线路,中性点都接地的。当人体与任何一根相线接触时,将有电流通过人体,如图 6.2.1 所示,人体承受相电压。此时流过人体的电流为:

$$I = \frac{U_p}{R_0 + R_p}$$

式中 R_0 为低压供电系统的接地电阻，R_p 为人体电阻。人体的电阻随着皮肤表面的干湿、洁污程度和接触电压而改变。

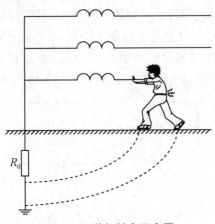

图 6.2.1 单相触电示意图

表 6-2-1 不同条件下的人体电阻

皮肤干燥(Ω)	皮肤潮湿(Ω)	有伤口的皮肤(Ω)
1 000~5000	200~800	500 以下

当人体双线触电（即人体同时接触两根相线）时，人体所承受的电压为线电压，其危险性远比单相触电大。

根据环境不同，我国规定有相应的电压等级：在有触电危险的场所，安全电压为 42 V；在矿井、多导电粉尘的场所，安全电压为 36 V。

为了避免工作人员使用电气设备时发生触电危险，必须采取一系列的安全措施，例如安装防护罩以免触及电气设备的带电部分，为了防止绝缘损坏造成的触电事故，则应接保护地线等。

6.3 接地和接零

为了防止电气设备的金属外壳因设备内部绝缘损坏而意外带电，从而造成触电事故，应当采取必要的保护性接地和接零措施。

1. 工作接地

为了保证电气设备正常运行而进行的接地称为工作接地，如电源中性点的直接接地。

电源中性点直接接地，可以维持三相供电系统中相线对地电压不变，当地面上的人不慎接触到一相线时，其触电电压为相电压。如果中性点不接地，当一相接地而人体触及另外两相之一时，则触电电压为相电压的 $\sqrt{3}$ 倍，即线电压，这使触电的危险性大增。

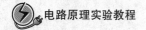
2. 保护接地

为了保障人生安全,防止触电危害而将电气设备的金属外壳(正常情况下是不带电的)接地,称为保护接地。这种接地方式适用于电源中性点不接地的三相三线制供电系统。

在中性点不接地的供电系统中,当某电气设备因内部绝缘损坏而使外壳带电时,如果外壳没有接地,人体触及外壳时,相当于单相触电,此时流过人体的电流大小取决于人体电阻和设备的绝缘电阻,当设备的绝缘损坏或性能下降时,人体就有触电的危险。为了消除这种危险,电气设备的金属外壳需可靠接地,如图 6.3.1 所示。此时由于人体电阻与接地电阻并联,通常情况下,人体电阻比接地电阻大得多,所以通过人体的电流就很小了,不会有危险。

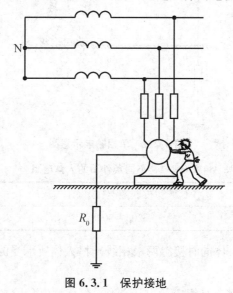

图 6.3.1　保护接地

3. 保护接零

保护接零就是将电气设备的金属外壳接到中性线(也称为零线)上,这种方法适用于电源中性点接地(即有工作接地)的三相四线制供电系统中。如图 6.3.2 所示。

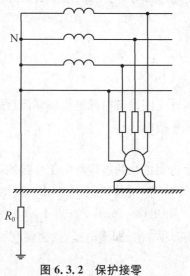

图 6.3.2　保护接零

在三相四线制系统中,如果绝缘损坏使一相线碰及设备金属外壳时,则该相与电源中性线形成单相短路,该相熔断器或保护设备动作,从而使外壳不带电,没有触电危险。

在中性点接地的三相四线制中,只采用保护接零,不采用保护接地,因为采用保护接地不能有效防止人身触电事故。如果在图 6.3.3 所示中性点接地的系统中采用保护接地,则当绝缘损坏使相线碰及设备的金属外壳时,其短路电流为:

$$I_{SN} = \frac{U_p}{R_0 + R_d}$$

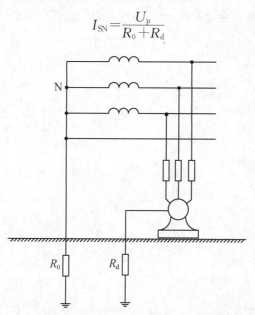

图 6.3.3　中性点接地三相四线制系统不宜采用保护接地

式中 R_0 为系统中性点的接地电阻,一般为 $4\ \Omega$ 左右,R_d 为用电设备的接地电阻,大小与 R_0 相近,约为 $4\ \Omega$,则在 220/380 V 的供电系统中,短路电流为:

$$I_{SN} = \frac{220}{4+4} = 27.5\ A$$

当用电设备的工作电流大于 27.5 A 时,所选熔断器也必须大于 27.5 A,此时,采用图 6.3.3所示的保护接地,当一相碰外壳时,短路电流不能使熔断器的熔丝熔断,从而使外壳长期带电,本例中外壳对地电压 110 V,显然该电压对人体是不安全的。所以,在三相四线制中性点接地的低压供电系统中不容许采用保护接地。

6.4　安全用电常识

低压触电都是由于人直接或间接接触火线造成的,所以不要接触低压带电体。高压触电是由于人靠近高压带电体造成的,所以不要靠近高压带电体。

雷电是大气中一种剧烈的放电现象。云层之间、云层和大地之间的电压可达几百万至几亿伏,产生很强的光和声。云层和大地之间的放电如果通过人体,能够立即致人死亡,如果通过树木、建筑物,巨大的热量和空气振动都会使它们受到严重的破坏。

(1) 打雷时不要接听或拨打电话,因为电话线室外部分在高空架设,极易引雷。雷雨天还要把电视天线、网线等从电器上拔下,防止"引雷入室"。

(2) 雷雨天室内的用电器一律停止使用,因为供电线路室外部分是裸导线,打雷时极易将雷电通过导线传入室内,击毁电器或引起火灾。

(3) 高屋建筑一定要安装避雷针,电视天线也要有避雷措施。

第七章　电工基本操作工艺及常用工具

本章主要介绍导线连接、剖削、焊接与绝缘恢复等电工基本操作工艺，常用电工工具的用途、规格及使用注意事项；常用电工仪表的用途及使用。

7.1　电工基本操作

一、导线的连接

1. 对导线连接的基本要求

（1）接触紧密，接头电阻小，稳定性好。与同长度同截面积导线的电阻比应不大于1。

（2）接头的机械强度应不小于导线机械强度的80%。

（3）耐腐蚀。对于铝与铝连接，如采用熔焊法，主要防止残余熔剂或熔渣的化学腐蚀。对于铝与铜连接，主要防止电化腐蚀。在接头前后，要采取措施，避免这类腐蚀的存在。

（4）接头的绝缘层强度应与导线的绝缘强度一样。

2. 铜芯导线的连接

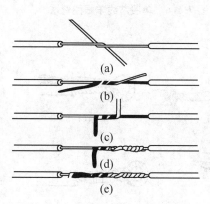

图 7.1.1　单股铜芯线的直接连接

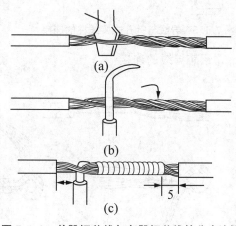

图 7.1.2　单股铜芯线与多股铜芯线的分支连接

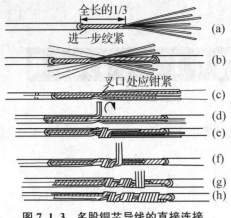

图 7.1.3　多股铜芯导线的直接连接

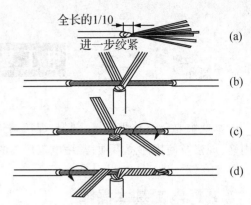

图 7.1.4　多股铜芯线的分支连接

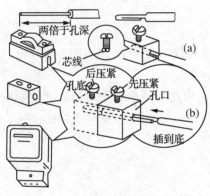

图 7.1.5　导线与针孔式接线柱的连接

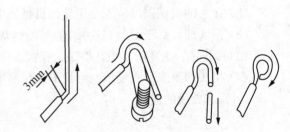

图 7.1.6　单股芯线羊眼圈弯法

3. 铝芯导线的连接

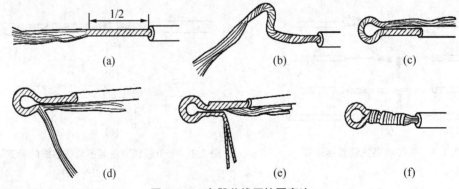

图 7.1.7　多股芯线压接圈弯法

二、导线的剖削

1. 塑料绝缘硬线

（1）用钢丝钳剖削塑料硬线绝缘层。

（2）用电工刀剖削塑料硬线绝缘层。

2. 塑料软线绝缘层的剖削

塑料软线绝缘层剖削除用剥线钳外,仍可用钢丝钳直接剖削截面为 4mm² 及以下的导线。方法与用钢丝钳剖削塑料硬线绝缘层相同。

3. 塑料护套线绝缘层的剖削

塑料护套线只有端头连接,不允许进行中间连接。其绝缘层分为外层的公共护套层和内部芯线的绝缘层。公共护套层通常都采用电工刀进行剖削。

4. 花线绝缘层的剖削

花线的结构比较复杂,多股铜质细芯线先由棉纱包扎层裹捆,接着是橡胶绝缘层,外面还套有棉织管(即保护层)。剖削时先用电工刀在线头所需长度处切割一圈拉去,然后在距离棉织管 10 mm 左右处用钢丝钳按照剖削塑料软线的方法将内层的橡胶层勒去,将紧贴于线芯处棉纱层散开,用电工刀割去。

5. 橡套软电缆绝缘层的剖削

用电工刀从端头任意两芯线缝隙中割破部分护套层。然后把割破已分成两片的护套层连同芯线(分成两组)一起进行反向分拉来撕破护套层,直到所需长度。再将护套层向后扳翻,在根部分别切断。

6. 铅包线护套层和绝缘层的剖削

铅包线绝缘层分为外部铅包层和内部芯线绝缘层。剖削时先用电工刀在铅包层上切下一个刀痕,再用双手来回扳动切口处,将其折断,将铅包层拉出来。内部芯线的绝缘层的剖削与塑料硬线绝缘层的剖削方法相同。

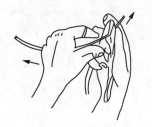

图 7.1.8 用钢丝钳勒去导线绝缘层

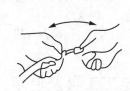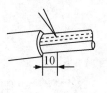

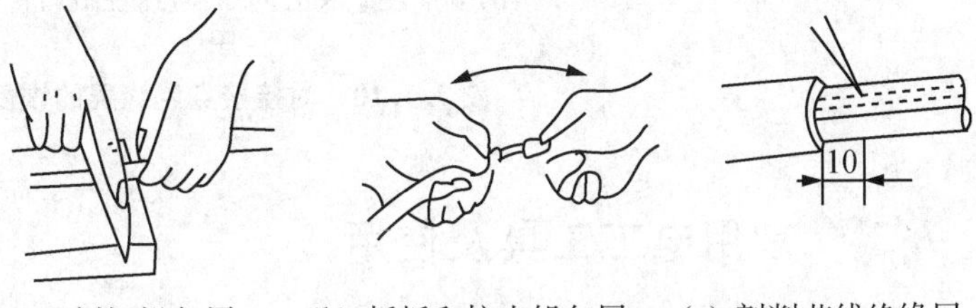

(a) 剖切铅包层　　(b) 折扳和拉出铅包层　　(c) 剖削芯线绝缘层

图 7.1.9 铅包线绝缘层的剖削

三、导线的焊接

1. 常用焊接方法

(1) 电烙铁加焊。

(2) 沾焊。

(3) 喷灯加焊。这种方法适合较大尺寸母材的焊接。

2. 锡焊注意事项

(1) 电烙铁在使用中一般用松香作为焊剂,特别是电线接头、电子元器件的焊接,一定要用松香做焊剂,严禁用盐酸等带有腐蚀性焊锡膏焊接,以免腐蚀印刷电路板或短路电气线路。

(2) 电烙铁在焊接金属铁锌等物质时,可用焊锡膏焊接。

（3）如果在焊接中发现紫铜制的烙铁头氧化不易沾锡时，可将铜头用锉刀锉去氧化层，在酒精内浸泡后再用，切勿浸入酸内浸泡以免腐蚀烙铁头。

（4）焊接电子元器件时，最好选用低温焊丝，头部涂上层薄锡后再焊接。焊接场效应晶体管时，应将电烙铁电源线插头拔下，利用余热去焊接，以免损坏管子。

四、导线绝缘层的恢复

绝缘导线的绝缘层，因连接需要被剥离后，或遭到意外损伤后，均需恢复绝缘层；而且经恢复的绝缘性能不能低于原有的标准。在低压电路中，常用的恢复材料有黄蜡布带、聚氯乙烯塑料带和黑胶布等。

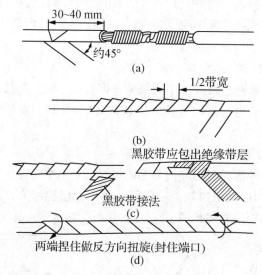

图 7.1.10　对接接点绝缘层的恢复

7.2　常用电工工具及使用

一、钳子类工具

钢丝钳又称为钳子（如图 7.2.1 所示）。钢丝钳的用途是夹持或折断金属薄板以及切断金属丝（导线）。

　　（a）钢丝钳　　　　　（b）尖嘴钳　　　　（c）剥线钳
图 7.2.1　钢丝钳、尖嘴钳和剥线钳

尖嘴钳的头部尖细。适应于狭小的工作空间或带电操作低压电气设备；尖嘴钳也可用来剪断细小的金属丝。它适应于电气仪表制作或维修。

剥线钳用来剥削截面积 6 mm² 以下塑料或橡胶绝缘导线的绝缘层,由钳口和手柄两部分组成。

二、电工刀

电工刀(如图 7.2.2 所示)适用于电工在装配维修工作中割削导线绝缘外皮,以及割削木桩和割断绳索等。

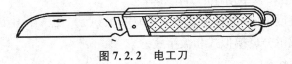

图 7.2.2　电工刀

三、螺丝刀工具

螺丝刀又称"起子"、螺钉旋具等。其头部形状有一字形和十字形(如图 7.2.3)两种。

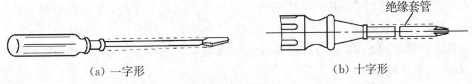

（a）一字形　　　　　　　　　　　　　　（b）十字形

图 7.2.3　螺丝刀

四、低压验电器

低压验电器(如图 7.2.4 所示)又称试电笔,是检验导线、电器和电气设备是否带电的一种常用工具。

（a）钢笔式低压验电器　　　　　　　　　（b）旋具式低压验电器

图 7.2.4　低压验电器

五、冲击钻

冲击钻是一种旋转带冲击的电钻,一般为可调式,如图 7.2.5 所示。

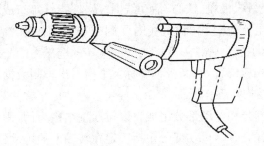

图 7.2.5　冲击钻

7.3 常用电工仪表及使用

常用电工仪表的分类：

(1) 按仪表的工作原理不同,可分为磁电式、电磁式、电动式、感应式等。

(2) 按测量对象不同,可分为电流表(安培表)、电压表(伏特表)、功率表(瓦特表)、电度表(千瓦时表)、欧姆表以及多用途的万用表等。

(3) 按测量准确度不同,可分为 0.1、0.2、0.5、1.0、1.5、2.5、5.0 共七个等级。

(4) 按显示方式可分炎模拟式和数字式。

一、电流表与电压表

电流表又称为安培表,用于测量电路中的电流。测量电流时,电流表必须与被测电路串联。

电压表又称为伏特表,用于测量电路中的电压。测量电压时,电压表必须与被测电路并联。

按其工作原理的不同,分为磁电式、电磁式、电动式三种类型,其原理与结构分别如图 7.3.1(a)、(b)、(c)所示。

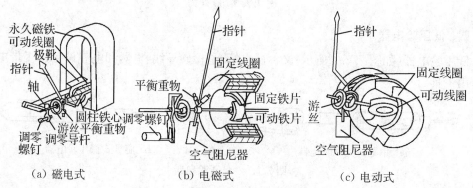

图 7.3.1　电流表、电压表的原理与结构

1. 磁电式仪表的结构与工作原理

结构:主要由永久磁铁、极靴、铁心、活动线圈、游丝、指针等组成。

工作原理:当被测电流流过线圈时,线圈受到磁场力的作用产生电磁转矩绕中心轴转动,带动指针偏转,游丝也发生弹性形变。当线圈偏转的电磁力矩与游丝形变的反作用力矩相平衡时,指针便停在相应位置,在面板刻度标尺上指示出被测数据。

2. 电磁式仪表的结构与工作原理

结构:主要由固定部分和可动部分组成。以排斥型结构为例,固定部分包括圆形的固定线圈和固定于线圈内壁的铁片,可动部分包括固定在转轴上的可动铁片、游丝、指针、阻尼片和零位调整装置。

工作原理:当固定线圈中有被测电流通过时,线圈电流的磁场使定铁片和动铁片同时被磁化,且极性相同而互相排斥,产生转动力矩。定铁片推动铁片运动,动铁片通过传动轴带动指针偏转。当电磁偏转力矩与游丝形变的反作用力矩相等时，指针停转，面板上指示值即为所测数值。

3. 电动式仪表的结构与工作原理

结构：由固定线圈、可动线圈、指针、游丝和空气阻尼器等组成。

工作原理：当被测电流流过固定线圈时，该电流变化的磁通在可动线圈中产生电磁感应，从而产生感应电流。可动线圈受固定线圈磁场力的作用产生电磁转矩而发生转动，通过转轴带动指针偏转，在刻度板上指出被测数值。

4. 交流电流的测量

通常采用电磁式电流表，在测量量程范围内将电流表串入被测电路即可，如图 7.3.2 所示。

测量较大电流时，必须扩大电流表的量程。可在表头上并联分流电阻或加接电流互感器，其接法如图 7.3.3 所示。

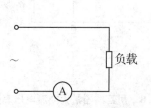 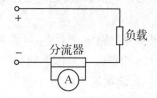

图 7.3.2　交流电流的测量　　图 7.3.3　用互感器扩大交流电流表量程

5. 直流电流的测量

通常采用磁电式电流表，直流电流表有正、负极性，测量时，必须将电流表的正端钮接被测电路的高电位端，负端钮接被测电路的低电位端，如图 7.3.4 所示。

被测电流超过电流表允许量程时，须采取措施扩大量程。对磁电式电流表，可在表头上并联低阻值电阻制成的分流器，如图 7.3.5 所示。

对电磁式电流表，可通过加大固定线圈线径来扩大量程。也可将固定线圈接成串、并联形式做成多量程表，如图 7.3.6 所示。

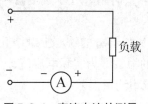

图 7.3.4　直流电流的测量　　图 7.3.5　用分流器扩大量程

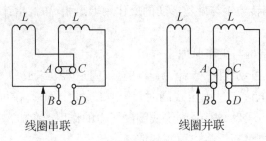

图 7.3.6   电磁式电流表扩大量程

6. 交流电压的测量

测量交流电压通常采用电磁式电压表。

在测量量程范围内将电压表直接并入被测电路即可,如图 7.3.7 所示。

用电压互感器来扩大交流电压表的量程,如图 7.3.8 所示。

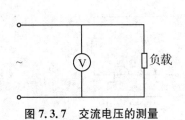

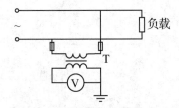

图 7.3.7   交流电压的测量   图 7.3.8   用互感器扩大交流电压表量程

二、钳形电流表

用钳形电流表可直接测量交流电路的电流,不需要断开电路,如图 7.3.9 所示。

测量部分主要由一只电磁式电流表和穿心式电流互感器组成。

原理:当被测载流导线中有交变电流通过时,交流电流的磁通在互感器副绕组中感应出电流,使电磁式电流表的指针发生偏转,在表盘上可读出被测电流值。

钳形电流表的使用方法:

(1) 测量前,应检查指针是否在零位,否则,应进行机械调零。

(2) 测量时,量程选择旋钮应置于适当位置,以便测量时指针处于刻度盘中间区域,减少测量误差。

(3) 如果被测电路电流太小,可将被测载流导线在钳口部分的铁心上缠绕几圈再测量,然后将图 7.3.9 钳形电流表读数除以穿入钳口内导线的根数即为实际电流值。

(4) 测量时,将被测导线置于钳口内中心位置,可减小测量误差。

(5) 钳形表用完后,应将量程选择旋钮置于最高档。

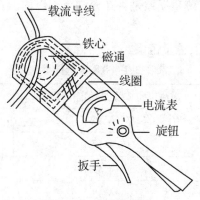

图 7.3.9　钳形电流表

三、兆欧表

一种测量电器设备及电路绝缘电阻的仪表。

1. 结构

包括三个部分:手摇直流发电机(或交流发电机加整流器)、磁电式流比计、接线桩(L、E、G)。

2. 测量前的检查

(1) 检查兆欧表是否正常。

(2) 检查被测电气设备和电路,看是否已切断电源。

(3) 测量前应对设备和线路进行放电,减少测量误差。

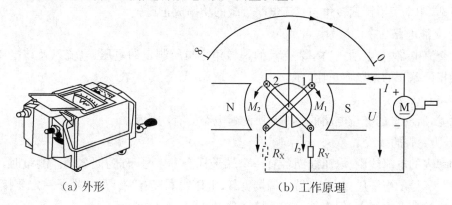

(a) 外形　　　　　　　　　(b) 工作原理

图 7.3.10　兆欧表

3. 兆欧表使用方法

(1) 将兆欧表水平放置在平稳牢固的地方。

(2) 正确连接线路。

(3) 摇动手柄,转速控制在 120 r/min 左右,允许有 ±20% 的变化,但不得超过 25%。摇动一分钟后,待指针稳定下来再读数。

(4) 兆欧表未停止转动前,切勿用手触及设备的测量部分或摇表接线桩。

(5) 禁止在雷电时或附近有高压导体的设备上使用。

（6）应定期校验,检查其测量误差是否在允许范围以内。

4. 兆欧表的选用

主要考虑它的输出电压及测量范围。

表 7-3-1　兆欧表选择举例

被 测 对 象	被测设备或线路额定电压(V)	选用的摇表(V)
线圈的绝缘电阻	500 V 以下	500
	500 V 以上	1000
电机绕组绝缘电阻	500 V 以下	1 000
变压器、电机绕组绝缘电阻	500 V 以上	1 000～2 500
电器设备和电路绝缘	500 V 以下	500～1 000
	500 V 以上	2 500～5 000

四、功率表

功率表又叫瓦特表、电力表,用于测量直流电路和交流电路的功率。

1. 结构:主要由固定的电流线圈和可动的电压线圈组成,电流线圈与负载串联,电压线圈与负载并联。

2. 直流电路功率的测量

用功率表测量直流电路的功率时,指针偏转角 α 正比于负载电压和电流的乘积。即

$\alpha \propto UI = P$

可见,功率表指针偏转角与直流电路负载的功率成正比。

3. 交流电路功率的测量

在交流电路中,电动式功率表指针的偏转角 α 与所测量的电压、电流以及该电压、电流之间的相位差 φ 的余弦成正比,即

$\alpha \propto UI \cos \varphi$

可见,所测量的交流电路的功率为所测量电路的有功功率。

4. 功率表的接线

功率表的电流线圈、电压线圈各有一个端子标有"＊"号,称为同名端。测量时,电流线圈标有"＊"号的端子应接电源,另一端接负载;电压线圈标有"＊"号的端子一定要接在电流线圈所接的那条电线上,但有前接和后接之分,如图 7.3.11 所示。

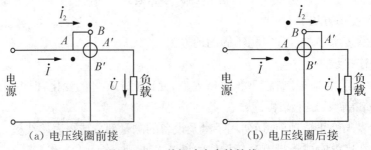

（a）电压线圈前接　　　　　（b）电压线圈后接

图 7.3.11　单相功率表的接线

如果被测电路功率大于功率表量程,则必须加接电流互感器与电压互感器扩大其量程,其电路如图 7.3.12 所示。电路实际功率为

$$P = k_1 k_2 P_1$$

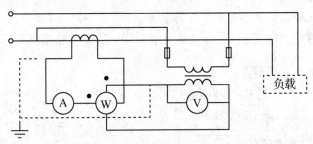

图 7.3.12　用电流互感器和电压互感器扩大单相功率表量程

5. 三相电路功率的测量

(1) 用两只单相功率表测三相三线制电路的功率

接线如图 7.3.13 所示。电路总功率为两只单相功率表读数之和。即

$$P = P_1 + P_2$$

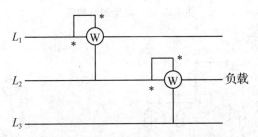

图 7.3.13　用两只单相功率表测三相三线制电路功率

此电路也可用于测量完全对称的三相四线制电路的功率。

(2) 用三相功率表测三相电路的功率

相当于两只单相功率表的组合,直接用于测量三相三线制和对称三相四线制电路。测量接线如图 7.3.14 所示。

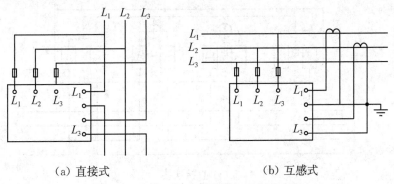

(a) 直接式　　　　　　　(b) 互感式

图 7.3.14　用三相功率表测三相电路功率

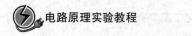

五、电度表

按结构分,有单相表、三相三线表和三相四线表三种。

按用途分,有有功电度表和无功电度表两种。

常用规格:3、5、10、25、50、75、100 A 等多种。

结构:以交流感应式电度表为例,主要由励磁、阻尼、走字和基座等部分组成。

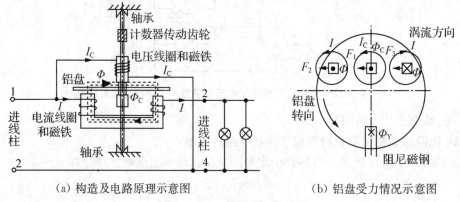

(a) 构造及电路原理示意图　　　　　(b) 铝盘受力情况示意图

图 7.3.15　电度表结构图

1. 单相电度表的接线方法

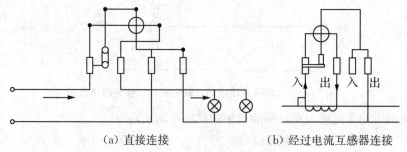

(a) 直接连接　　　　　(b) 经过电流互感器连接

图 7.3.16　单相电度表接线图

2. 三相电度表的接线方法

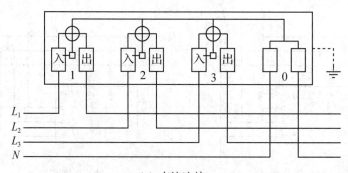

(a) 直接连接

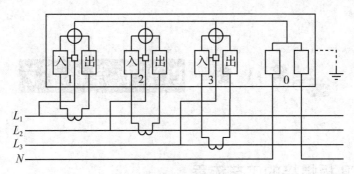

（b）经电流互感器连接

图 7.3.17　三相电度表接线图

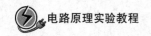

第八章　PCB板焊接工艺

8.1　PCB板焊接的工艺流程

PCB板焊接工艺流程介绍：PCB板焊接过程中需手工插件、手工焊接、修理和检验。PCB板焊接的工艺流程：按清单归类元器件—插件—焊接—剪脚—检查—修整。

一、PCB板焊接的工艺要求

1. 元器件加工处理的工艺要求

（1）元器件在插装之前，必须对元器件的可焊接性进行处理，若可焊性差的要先对元器件引脚镀锡。

（2）元器件引脚整形后，其引脚间距要求与PCB板对应的焊盘孔间距一致。

（3）元器件引脚加工的形状应有利于元器件焊接时的散热和焊接后的机械强度。

2. 元器件在PCB板插装的工艺要求

（1）元器件在PCB板插装的顺序是先低后高，先小后大，先轻后重，先易后难，先一般元器件后特殊元器件，且上道工序安装后不能影响下道工序的安装。

（2）元器件插装后，其标志应向着易于认读的方向，并尽可能从左到右的顺序读出。

（3）有极性的元器件极性应严格按照图纸上的要求安装，不能错装。

（4）元器件在PCB板上的插装应分布均匀，排列整齐美观，不允许斜排、立体交叉和重叠排列；不允许一边高，一边低；也不允许引脚一边长，一边短。

3. PCB板焊点的工艺要求

（1）焊点的机械强度要足够。

（2）焊接可靠，保证导电性能。

（3）焊点表面要光滑、清洁。

二、PCB板焊接过程的静电防护

1. 静电防护原理

（1）对可能产生静电的地方要防止静电积累，采取措施使之控制在安全范围内。

（2）对已经存在的静电积累应迅速消除掉，及时释放。

2. 静电防护方法

（1）泄漏与接地。对可能产生或已经产生静电的部位进行接地，提供静电释放通道。采用埋地线的方法建立"独立"地线。

（2）非导体带静电的消除。用离子风机产生正、负离子，可以中和静电源的静电。

三、电子元器件的插装

电子元器件插装要求做到整齐、美观、稳固。同时应方便焊接和有利于元器件焊接时的散热。

1. 元器件分类

按电路图或清单将电阻、电容、二极管、三极管、变压器、插排线、插排座、导线、紧固件等归类。

2. 元器件引脚成形

(1) 元器件整形的基本要求

①所有元器件引脚均不得从根部弯曲，一般应留 1.5 mm 以上。

②要尽量将有字符的元器件面置于容易观察的位置。

(2) 元器件的引脚成形

手工加工的元器件整形，弯引脚可以借助镊子或小螺丝刀对引脚整形。

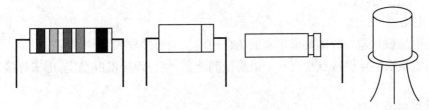

图 8.1.1　元器件引脚图

3. 插件顺序

手工插装元器件，应该满足工艺要求。插装时不要用手直接碰元器件引脚和印制板上铜箔。

4. 元器件插装的方式

二极管、电容器、电阻器等元器件均是俯卧式安装在印刷 PCB 板上的。

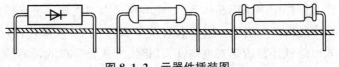

图 8.1.2　元器件插装图

8.2　焊接主要工具

手工焊接是每一个电子装配工必须掌握的技术，正确选用焊料和焊剂，根据实际情况选择焊接工具，是保证焊接质量的必备条件。

一、焊料与焊剂

1. 焊料

能熔合两种或两种以上的金属，使之成为一个整体的易熔金属或合金的都叫焊料。常用的锡铅焊料中，锡占 62.7%，铅占 37.3%。这种配比的焊锡熔点和凝固点都是183℃，可

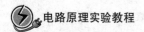

以由液态直接冷却为固态,不经过半液态,焊点可迅速凝固,缩短焊接时间,减少虚焊,该点温度称为共晶点,该成分配比的焊锡称为共晶焊锡。共晶焊锡具有低熔点,熔点与凝固点一致,流动性好,表面张力小,润湿性好,机械强度高,焊点能承受较大的拉力和剪力,导电性能好的特点。

2. 助焊剂

助焊剂是一种焊接辅助材料,其作用如下:

(1) 去除氧化膜。

(2) 防止氧化。

(3) 减小表面张力。

(4) 使焊点美观。

常用的助焊剂有松香、松香酒精助焊剂、焊膏、氯化锌助焊剂、氯化铵助焊剂等。焊接中常采用中心夹有松香助焊剂、含锡量为61%的锡铅焊锡丝,也称为松香焊锡丝。

3. 焊接工具的选用

(1) 电烙铁

普通电烙铁只适合焊接要求不高的场合使用。如焊接导线、连接线等。

恒温电烙铁的重要特点是有一个恒温控制装置,使得焊接温度稳定,用来焊接较精细的PCB板。

①电烙铁的类型

按加热方式可分为直热式、感应式等多种;按功能分类有单用式、两用式、调温式等几类;按发热功率不同分类,有20 W、30 W、45 W、75 W、100 W、300 W、500 W等多种。

按烙铁头安装的位置不同可分为外热式电烙铁与内热式电烙铁两大类。

②电烙铁的结构特点

电烙铁的工作原理是利用电流通过发热体(电热丝)产生的热量(约250℃左右的高温)熔化焊锡后进行焊接的,利用它可将电子元器件按电路图焊接成完整的产品。

由于在电子产品制作中多采用晶体管、集成电路等小型或超小型元器件,故通常可选用功率在20～30 W的直热式电烙铁。这类电烙铁具有体积小、重量轻、热得快、效率高等优点。无论是外热式电烙铁还是内热式电烙铁,其接线方式是一样的,如图8.2.1(a)所示。

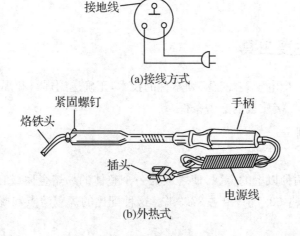

(a)接线方式

(b)外热式

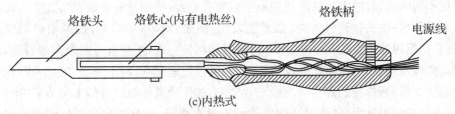

(c)内热式

图 8.2.1　直热式电烙铁外形结构示意图

由于焊接不同的元器件,所以需要选用不同的烙铁头来进行焊接,常用的烙铁头如图8.2.2所示。在电子产品组装时,如何来选择恰当的烙铁头呢?选择烙铁头的依据是,应使烙铁头的接触面积小于焊接处(焊盘)的面积。一般按以下原则来选择:

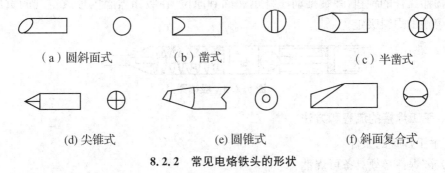

（a）圆斜面式　　　（b）凿式　　　　（c）半凿式

（d）尖锥式　　　　（e）圆锥式　　　（f）斜面复合式

8.2.2　常见电烙铁头的形状

烙铁头的接触面积过大,会使过量的热量传导给焊接部位,进而损坏元器件。

一般来说,烙铁头越长、越粗,则温度越低,焊接时间就越长;反之,烙铁头的温度越高,焊接越快。

③电烙铁的使用方法

电烙铁的使用有一定的技巧,若使用不当,不仅焊接速度慢,而且会形成虚焊或假焊,影响焊接质量。

新烙铁镀锡方法:对于一把新买的电烙铁,不要一买来就用,应先根据实际要求,用锉刀加工烙铁头的形状,将烙铁头镀上锡后再投入使用。将电烙铁接上电源,当烙铁头温度逐渐升高时,将松香涂在烙铁头上,待松香冒烟、烙铁头开始能够熔化焊锡的时候,将烙铁头放在有少量松香和焊锡的砂布上研磨,各个面都要研磨到,使烙铁头的四周都镀上一层焊锡即可。

烙铁头磨损的修整方法:按照规定,电烙铁头应该经过渗镀铁合金,使其具有较高的耐高温氧化性能。但实际的烙铁头大多仅是在紫铜表面镀了一层锌合金。镀锌层虽然也有一定的保护作用,但在高温及助焊剂的作用下(松香助焊剂在常温下为中性,在高温时则呈弱酸性)烙铁头经长期使用后,往往因出现氧化层而导致了其表面凹凸不平,这时就需要对其进行修整。可用锉刀将烙铁头修整成所要求的形状后,再用砂纸将其打磨光。修整以后的烙铁头,再采用上述镀锡的方法,使打磨过的表面镀上锡以后再继续使用。另外,在焊接密集的小面积的焊点时,如果烙铁头太粗,可以用锤子将烙铁头锻打到合适的粗细后再对其进行修整、磨光、镀锡,但必须要将烙铁头拆下来才可进行锻打加工。

④电烙铁温度的掌握

焊接不同的元器件,电烙铁的使用温度应略有差异,特别是电烙铁表面温度应选择好。

通常,当电烙铁头碰到松香时,如果能发出"咝啦、咝啦"的声响,便说明该温度比较适宜,而且会比焊锡的熔点稍高一些,如果接触时间再长一点,还会有一股烟向外冒出,此时焊出的焊点浑圆而发亮;当电烙铁触及松香时,只是慢慢地冒烟,而不发出"咝啦"声,说明此时电烙铁温度太低,所焊接的焊点会发脆,不结实。如果两者相触时冒烟太多或者"咝啦"声太大,说明电烙铁的温度太高,此时所焊出的焊点没有光泽,而且很容易损坏印制电路板或元器件。

(2) 吸锡器

吸锡器实际是一个小型手动空气泵,压下吸锡器的压杆,就排出了吸锡器腔内的空气;释放吸锡器压杆的锁钮,弹簧推动压杆迅速回到原位,在吸锡器腔内形成空气的负压力,就能够把熔融的焊料吸走。

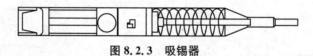

图 8.2.3　吸锡器

二、手工焊接的流程和方法

1. 手工焊接的条件

(1) 被焊件必须具备可焊性。

(2) 被焊金属表面应保持清洁。

(3) 使用合适的助焊剂。

(4) 具有适当的焊接温度。

(5) 具有合适的焊接时间。

2. 手工焊接的方法

(1) 电烙铁与焊锡丝的握法

手工焊接握电烙铁的方法有反握、正握及握笔式三种。

图 8.2.4　手工焊接的握法

如图 8.2.5 所示是两种焊锡丝的拿法。

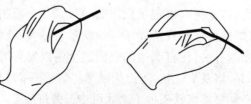

图 8.2.5　焊锡丝的拿法

（2）手工焊接的步骤

①准备焊接：清洁焊接部位的积尘及污渍、元器件的插装、导线与接线端钩连，为焊接做好前期的预备工作。

②加热焊接：将沾有少许焊锡的电烙铁头接触被焊元器件约几秒钟。若是要拆下PCB板上的元器件，则待烙铁头加热后，用手或镊子轻轻拉动元器件，看是否可以取下。

③清理焊接面：若所焊部位焊锡过多，可将烙铁头上的焊锡甩掉（注意不要烫伤皮肤，也不要甩到PCB板上），然后用烙铁头"沾"些焊锡出来。若焊点焊锡过少、不圆滑时，可以用电烙铁头"蘸"些焊锡对焊点进行补焊。

④检查焊点：看焊点是否圆润、光亮、牢固，是否有与周围元器件连焊的现象。

（3）手工焊接的方法

①加热焊件：恒温烙铁温度一般控制在280℃至360℃之间，焊接时间控制在4 s以内。

表8-2-1　部分元器件焊接要求

项目 器件	SMD器件	DIP器件
焊接时烙铁头温度	320±10℃	330±5℃
焊接时间	每个焊点1～3 s	2～3 s
拆除时烙铁头温度	310℃至350℃	330±5℃
备　注	根据CHIP件尺寸不同请使用不同的烙铁嘴	当焊接大功率（TO-220、TO-247、TO-264等封装）或焊点与大铜箔相连，上述温度无法焊接时，烙铁温度可升高至360℃，当焊接敏感怕热零件（LED、CCD、传感器等）温度控制在260℃至300℃

焊接时烙铁头与PCB板成45°角，电烙铁头顶住焊盘和元器件引脚然后给元器件引脚和焊盘均匀预热。

②移入焊锡丝：焊锡丝从元器件脚和烙铁接触面处引入，焊锡丝应靠在元器件脚与烙铁头之间。

图8.2.6　手工焊接步骤

③移开焊锡：当焊锡丝熔化（要掌握进锡速度）焊锡散满整个焊盘时，即可以45°角方向拿开焊锡丝。

④移开电烙铁：焊锡丝拿开后，烙铁继续放在焊盘上持续1～2 s，当焊锡只有轻微烟雾冒出时，即可拿开烙铁，拿开烙铁时，不要过于迅速或用力往上挑，以免溅落锡珠、锡点或使

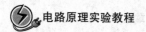

焊锡点拉尖等,同时要保证被焊元器件在焊锡凝固之前不要移动或受到震动,否则极易造成焊点结构疏松、虚焊等现象。

3. 导线和接线端子的焊接

(1) 导线焊前处理

①剥绝缘层:导线焊接前要除去末端绝缘层。剥除绝缘层可用普通工具或专用工具。

用剥线钳或普通偏口钳剥线时要注意对单股线不应伤及导线,多股线及屏蔽线不断线,否则将影响接头质量。对多股线剥除绝缘层时注意将线芯拧成螺旋状,一般采用边拽边拧的方式。

②预焊:预焊是导线焊接的关键步骤。导线的预焊又称为挂锡,但注意导线挂锡时要边上锡边旋转,旋转方向与拧合方向一致,多股导线挂锡要注意"烛心效应",即焊锡浸入绝缘层内,造成软线变硬,容易导致接头故障。

(2) 导线和接线端子的焊接

①绕焊:绕焊把经过上锡的导线端头在接线端子上缠一圈,用钳子拉紧缠牢后进行焊接,绝缘层不要接触端子,导线一定要留 1～3 mm 为宜。

②钩焊:钩焊是将导线端子弯成钩形,钩在接线端子上并用钳子夹紧后施焊。

③搭焊:搭焊是把经过镀锡的导线搭到接线端子上施焊。

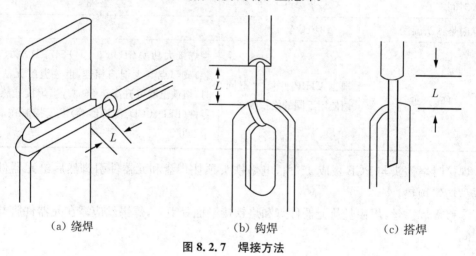

（a）绕焊　　　　　　　　　（b）钩焊　　　　　　　　（c）搭焊

图 8.2.7　焊接方法

8.3　PCB 板上的焊接

一、PCB 板焊接的注意事项

1. 电烙铁一般应选内热式 $20～35$ W 或调温式,烙铁的温度不超过 400℃为宜。烙铁头形状应根据 PCB 板焊盘大小采用截面式或尖嘴式,目前 PCB 板发展趋势是小型密集化,因此一般常用小型尖嘴式烙铁头。

2. 加热时应尽量使烙铁头同时接触印制板上铜箔和元器件引脚,对较大的焊盘(直径大于 5 mm)焊接时可移动烙铁,即烙铁绕焊盘转动,以免长时间停留一点导致局部过热。

3. 金属化孔的焊接。焊接时不仅要让焊料润湿焊盘，而且孔内也要润湿填充。因此金属化孔加热时间应长于单面板。

4. 焊接时不要用烙铁头摩擦焊盘的方法增强焊料润湿性能，而要靠表面清理和预焊。

二、PCB板的焊接工艺

1. 焊前准备

(1) 按照元器件清单检查元器件型号、规格及数量是否符合要求。

(2) 焊接人员带防静电手腕，确认恒温烙铁接地。

2. 装焊顺序

元器件的装焊顺序依次是电阻器、电容器、二极管、三极管、集成电路、大功率管，其他元器件是先小后大。

3. 对元器件焊接的要求

(1) 电阻器的焊接：按元器件清单将电阻器准确地装入规定位置，并要求标记向上，字向一致。装完一种规格再装另一种规格，尽量使电阻器的高低一致。焊接后将露在PCB板表面上多余的引脚齐根剪去。

(2) 电容器的焊接：将电容器按元器件清单装入规定位置，并注意有极性的电容器其"＋"与"－"极不能接错。电容器上的标记方向要易看得见。先装玻璃釉电容器、金属膜电容器、瓷介电容器，最后装电解电容器。

(3) 二极管的焊接：正确辨认正负极后按要求装入规定位置，型号及标记要易看得见。焊接立式二极管时，对最短的引脚焊接时，时间不要超过 2 s。

(4) 三极管的焊接：按要求将 e、b、c 三根引脚装入规定位置。焊接时间应尽可能的短些，焊接时用镊子夹住引脚，以帮助散热。焊接大功率三极管时，若需要加装散热片，应将接触面平整、光滑后再紧固。

(5) 集成电路的焊接：将集成电路插装在线路板上，按元器件清单要求，检查集成电路的型号、引脚位置是否符合要求。焊接时先焊集成电路边沿的两只引脚，以使其定位，然后再从左到右或从上至下进行逐个焊接。焊接时，烙铁一次沾取锡量为焊接 2~3 只引脚的量，烙铁头先接触印制电路的铜箔，待焊锡进入集成电路引脚底部时，烙铁头再接触引脚，接触时间以不超过 3 s 为宜，而且要使焊锡均匀包住引脚。焊接完毕后要检查一下，是否有漏焊、碰焊、虚焊之处，并清理焊点处的焊料。

8.4 焊接质量的分析及拆焊

一、焊接质量的分析

1. 正常的焊点特征

(1) 良好的焊点应做到焊锡量适当。

(2) 假如将焊点以元器件引脚为中心轴剖开，焊点剖面应呈对称的"双曲线"，良好的焊点外形如图 8.4.1 中箭头所指处。

（3）焊锡量太少不牢固，焊锡量过多会焊埋线头，反而容易导致虚焊。

（4）虚焊会使焊点成为有接触电阻的不可靠的连接状态，进而会造成电路工作不正常或不稳定，噪声增加，也容易使虚焊件脱落。

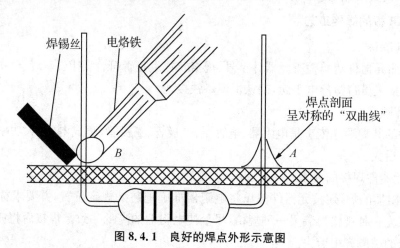

图 8.4.1　良好的焊点外形示意图

2. 引起虚焊的原因

（1）所使用的焊锡质量不好。

（2）所使用的助焊剂的还原性不良或用量不够。

（3）被焊接的元器件引脚表面未处理干净，可焊性较差。

（4）电烙铁头的温度过高或过低，温度过高会使焊锡熔化过快过多而不容易着锡，温度过低会使焊锡未充分熔化而成豆腐渣状。

（5）电烙铁表面有氧化层。

（6）对元器件的焊接时间掌握得不好。

（7）未等所焊的焊锡凝固，就移走电烙铁，因而造成被焊元器件的引脚移动。

（8）印制电路板上铜箔焊盘表面有油污或氧化层未处理干净，或沾上了阻焊剂等，使焊盘的可焊性变差。

二、手工焊接质量的分析

手工焊接常见的不良现象，如表 8-4-1 中给出各种不同的焊点缺陷，并针对每一种缺陷分析了形成缺陷的原因以及会产生的危害。同时也对各种不同缺陷外观特点进行了描述，便于我们通过观察外观来确定焊点的质量。

表 8-4-1　手工焊接质量分析表

焊点缺陷	外观特点	危害	原因分析
虚焊	焊锡与元器件引脚和铜箔之间有明显黑色界限,焊锡向界限凹陷	设备时好时坏,工作不稳定	1. 元器件引脚未清洁好、未镀好锡或锡氧化 2. 印制板未清洁好、喷涂的助焊剂质量不好
焊料过多	焊点表面向外凸出	浪费焊料,可能包藏缺陷	焊丝撤离过迟
焊料过少	焊点面积小于焊盘的80%,焊料未形成平滑的过渡面	机械强度不足	1. 焊锡流动性差或焊锡撤离过早 2. 助焊剂不足 3. 焊接时间太短
过热	焊点发白,表面较粗糙,无金属光泽	焊盘强度降低,容易剥落	烙铁功率过大,加热时间过长
冷焊	表面呈豆腐渣状颗粒,可能有裂纹	强度低,导电性能不好	焊料未凝固前焊件抖动
拉尖	焊点出现尖端	外观不佳,容易造成桥连短路	1. 助焊剂过少而加热时间过长 2. 烙铁撤离角度不当
桥连	相邻导线连接	电气短路	1. 焊锡过多 2. 烙铁撤离角度不当
铜箔翘起	铜箔从印制板上剥离	印制 PCB 板已被损坏	焊接时间太长,温度过高

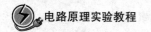

三、拆焊

1. 拆焊工具

在拆焊过程中,主要用的工具有:电烙铁、吸锡器、镊子等。

2. 拆焊方法

(1) 引脚较少的元器件拆法:一手拿着电烙铁加热待拆元器件引脚焊点,一手用镊子夹着元器件,待焊点焊锡熔化时,用夹子将元器件轻轻往外拉。

(2) 多焊点元器件且引脚较硬的元器件拆法:采用吸锡器逐个将引脚焊锡吸干净后,再用夹子取出元器件。

(3) 双列或四列 IC 的拆焊:用热风枪拆焊,温度控制在 350℃,风量控制在 3~4 格,对着引脚垂直、均匀地来回吹热风,同时用镊子的尖端靠在集成电路的一个角上,待所有引脚焊锡熔化时,用镊子尖轻轻将 IC 挑起。

参 考 文 献

[1]吕伟锋,董晓聪.电路分析实验[M].北京:科学出版社,2010.

[2]杨焱,张琦,叶蓁,等.电路分析实验教程[M].北京:人民邮电出版社,2012.

[3]聂典,任清褒,等.Multisim 9 计算机仿真在电子电路设计中的应用 [M].北京:电子工业出版社,2007.

[4]黄智伟,李传琦,邹其洪.基于 Multisim 的电子电路计算机仿真设计与分析[M].北京:电子工业出版社,2009.

[5]华容茂,过军.电工电子技术实习与课程设计[M].北京:电子工业出版社,2000.

[6]李进,赵文来,陈秋妹.电子通信综合实训教程[M].北京:电子工业出版社,2012.

[7]于晓春,公茂法.电工电子实习指导书[M].徐州:中国矿业大学出版社,2012.

[8]王天曦,王豫明,杨兴华.电子工艺实习[M].北京:电子工业出版社,2013.

[9]孙余凯.电子产品制作[M].北京:人民邮电出版社,2010.

[10]陈晓平,李长杰.电路原理[M].2 版.北京:机械工业出版社,2013.